はじめに〜本書を読まれる方へ〜

　いま、日本では、かつてなかった水道水ばなれが起きています。
　消費者は、水道水は塩素臭くてまずいと「ミネラルウォーター」を飲料水として使用するようになりました。企業も、大量に使用すればするほど高単価になる水道料金の高騰に耐えきれず、独自に井戸を開発し、水道水を使用しなくなりました。
　このままでは、水道水の売上はますます減少し、水道経営はなりたたなくなります。大都市以外の小規模な水道（本書では「地域水道」という呼び名を使います）が破綻しつつあるのです。
　この「日本の水危機」の原因と解決策を、ジャーナリストとして水問題を取材してきた保屋野と、技術者として水道業界の現場に携わってきた瀬野とで探ってみたのが本書です。

　これから水道がどう生き残ればいいのか？　そのためにはまず発想の転換が必要です。ピンチをチャンスに変えることです。
　大きな処理施設によって高コストで供給される水道水よりも、小規模な地域水道は、良質な地下水を活かすことで、安くておいしい安全な水を供給することができるのです。本書では、そんなことが技術的に可能かどうかを検討するとともに、「緩速ろ過」という最近注目されている技術について詳説しました。
　本書を読めば、地域水道の生き残り策とともに、新しい水道コンサルタントのあり方、関連ビジネスの展開といったヒントを得られるでしょう。

　水道事業者や上水道コンサルタント、技術者、建設業者にとってはもちろん、日本の水道水に疑問を抱いている方にも読んでいただきたい。持続可能な地域水道は、地方の活性化と自治についての新しい可能性でもあります。
　いま、本書を参考に水道のあり方を検討すべきときが来ているのです。

水道はどうなるのか？　目次

目次

はじめに〜本書を読まれる方へ

Introduction 「日本の水危機」とは？ — 1
  1 水に求めるものが変わった — 2
  2 「水の世紀」の日本は？ — 5
  3 少子高齢化＋人口減による日本の水危機 — 7

PART1 幸せな水道を求めて — 9
  1 水道のない地域の天然水 — 10
    水を治しながら恵まれつづる 12
  2 簡素で費用のかからない処理法を選ぶ — 14
  3 途上国の飲み水供給システムのメリット — 16
  column 水コンの生きる道 18

PART2 経営を健全に長もちさせる手法 — 19
  1 「おいしい・安全・安い」を水道事業の売りにする — 20
    ナチュラルな水へのニーズを地域に活かす 22
  2 「安全な水」を確保するために — 24
  3 右肩下がり時代の経営ポイント — 26
    ポイント1 給水価格と給水原価から経営努力がわかる 28
    ポイント2 節約できる経費、できない経費を知る 29
    経費別の削減術……人件費／受水費／借金 36
  4 低コスト・低労力の施設と管理のポイント — 43
    ポイント1 じょうずな経営統合 43
      既得権を守る「水道一家」について 44
    ポイント2 コンサルに使われずに使いこなす 45
    ポイント3 ダムの水を買う広域水道水を避ける 46
    ポイント4 「住民意思」を味方にする 48
    ポイント5 情報は全面公開が好都合 49
  5 合意形成のため水道協議会のススメ — 53

PART3　ボトル水に負けない、おいしく安全な水質の保ち方 —— 55

1　おいしさと料金が反比例する不思議 —— 56
水道水のおいしさの順位は？　56
家庭の水道水の質を検討する　59

2　水源・取水方法を見直す —— 61
「緩速ろ過」という方法　61
原水ランクが上なら水質分析費は削減できる　62

3　コスト・労力が少なくて済む浄水処理を —— 66
近隣水道との共同管理案　69

4　脱塩素水道へ —— 71
低塩素化で末端の残留塩素を0.4mg/L以下にする　71
無塩素化の試み　73
無農薬野菜のような無塩素水道を　74

PART4　NPO水道への道 —— 77

1　自前のプロ、セミプロを地域で育てる —— 78
2　「2007年問題」を活用する —— 81
3　地域水道運営のためのNPO —— 83
日本水道協会を補完するNPO　84
業務指標（PI）の導入とNPO　85

PART5　安くて、おいしい水は可能だ！　〜技術実践編 —— 89

1　小さな技術のススメ　90
地下水利用のススメ　90
安価な基本仕様の設備でも大丈夫　94

2　緩速ろ過のメリット　96
化学薬品いらず、微生物の浄化力とは？　96

一般細菌は塩素を添加しなくとも除去できる　97
　　　悪い原水のカビ臭も難なくとれる　100
　　　一番安価なクリプト対策　101
　　　水質不安な井戸水も安全に　102
　　　緩速ろ過のいろいろ　104
　　3 緩速ろ過の施設運営のポイント ——— 110
　　　急速ろ過でも地元仕様はできる　120
　　　住民にもできる維持管理　121

epilogue　「小さい水道」が生き残るために ——— 123
　　1 「小さい水道問題」を再考する ——— 124
　　　小さい水道の"メリット"とは？　127
　　2 「広域化」「管理強化」について ——— 130
　　　「第三者」への業務委託の意図　131
　　　民間委託すれば夢の解決へ？　132
　　3 水質検査の考え方が変わった ——— 135
　　　「小さい水道」の首を絞める分析法　136
　　　過剰技術から「ほどほど」へ　138
　　4 簡易水道の処方箋を探る ——— 141
　　　「小さい水道」の原点、簡易水道　142
　column　小規模コンサルタントの生き残り　146

参考図書　148
あとがき　150
索引　151

Introduction
「日本の水危機」とは？

1　水に求めるものが変わった

　むかしから良い水が枯れることなく湧き出す泉には、必ずといっていいほど「いわれ」が伝えられ、その土地の人びとによって泉が守られてきました。
　仏教説話的な数々の名水物語。良い水を継続的に得ることはそれだけ困難をきわめたのだと教えています。自然の恵みへの感謝から自ずと生まれた水信仰だったのでしょう。
　ところが、そういった湧き水にこのところ"異変"が起きています。
　「あそこの水はおいしい」と口コミで伝わる水を汲みに、人びとがポリタンクや空のペットボトルを携えて列をなすようになったのです。それは、地元の人たちが抱いてきた水への信仰心とはまったく違ったもののようです。

　たとえば、良質で豊富な地下水を水源とする水道水に恵まれていた山形県庄内地方でこのような"異変"が現れたのは、鶴岡市をはじめこの地域の水道水が地下水源からダムの水へと切り替わった2001年10月以降のこと。水道水を使って商売をしている人たちはもちろん、ごく一般の市民がダム水源の水道水におおいに不満を覚え、おいしい水を求めて水汲みへと奔走するようになったのでした。
　現在の技術の粋を集めた「科学の水」であるダムの急速ろ過処理水よりも、人びとは無添加・非処理の「天然ろ過の水」を追い求めるというのは皮肉な現象です。

ガソリンより高値な水

　昨今、「ボトル詰め水はガソリンより高い」と言われるようになりました。実際、変動はあるにせよガソリン代1リットルが100円前後なのに対して、ペットボトル水は百数十〜200円はしているものもあります。「水と安全はタダ」と言われた日本の私たちが、このような対価を払ってもいいという消費者になろうとは……誰が想像したことでしょう（図1）。

図1 | あるスーパーのちらし。いつの間にか水はガソリンよりも高価なものになった。

また、文字どおり、ガソリン代をかけてでも湧き水を汲みに出かける行動も、ガソリン代以上に「あらまほしき水」に価値を見出している証のようなのです。

　21世紀の日本に住む私たちは、身体の中に取り入れる水に何を求めているのでしょうか？　高度成長期を通して日本では、衛生的な水を誰もがどこにいても自在に手に入れられる国をめざし、水道を全国津々浦々に敷き詰めてきた結果、水道普及率は97％に達し、所期の目的を達成しました。
　それなのに、そのとたん、日本人はそれ以上かそれ以外の「価値」を飲み水に求めるようになっていたのです。
　これからの水道のビジョンを考えるとき、「水の価値」について無視もしくは無関心のまま進むことはできません。ひたすら、水道普及率を100％にしてしまおうとか、全国一律に国の水質基準を守らせよう、経営単位をとにかく大きくしなくては……といった単なるこれまでの延長上にある「ハード」的手法では、ゆきづまり、たちゆかなくなることは目に見えています。

　人びとが水に求めるようになったものを認識し、「ソフト」の面から日本の水道をとらえ直したい、それがこの本を書く動機です。

世界に目を転じてみると、「21世紀は水の世紀」という言われ方がされています。2003年3月、京都・滋賀・大阪で開催された世界水フォーラムは、まさにそれをキャッチコピーにし、世界各地で生じている水問題を議論する国際会議でした。

　人類が利用可能な淡水資源は地球上にある水の約0.8%にすぎず、それも人口増加、有害化学物質汚染、都市の膨張、工業用水や灌漑用水の消費増、水資源開発、浪費などにより、質量ともに「水飢饉」に陥る地域・人びとは増加の一途であると指摘されています。そのため、貧富間、地域間、国家間、さらには民間と公共間での水争奪戦争が頻発している――と、水の民営化に強い警鐘を鳴らすカナダのモード・バーロウは、著書『「水」戦争の世紀』（鈴木主税訳、集英社新書）の中で指摘し、これでもかというほど多数の紛争例を紹介しています。

　それでは日本は、悪化する一方の世界水事情から遠く離れた安全地帯にいるのでしょうか。

　このところとみに言われるようになったのは、「仮想水（バーチャルウォーター）」、つまり農産物や製品の生産に使われた水資源を購入者が間接的に消費したとみなす考え方です。この考え方に基づけば、日本は他国の水を大量に消費して食糧を手に入れていることになります。このことが、世界的水危機への加担や食糧安全保障という面から見た、日本の水に関する最大のリスクなのでしょうか？

　むしろ、日本にとっての「水の世紀」問題とは、次のような諸事ではないかと考えます。

日本にとっての「水危機の世紀」問題

　まずは、地球温暖化にともなう気候変動により①**水事情が不安定化するおそれ**、それにも関連して、膨大な量の水資源開発の結果、水資源賦存量（降

水量－蒸発散によって失われる量×国土面積）に対する利用率が20％を超え、②**過剰消費となっていること**、②と同じ理由により、③**水循環や水の生態系が衰弱していること**、なんらかの形で、④**世界の水紛争が日本にも波及してくる可能性があること**、などです。

「水危機の世紀」に予測されるさまざまな状況下で、日本の水道も生き延びていかなくてはなりません。

　しかしそれ以上に急を要している事情とは、国内の社会環境──少子高齢・過疎化社会──における**水供給の経営問題**です。

　公的な保健制度や年金制度と同様に水道の仕組みも、企業という形態をとっているとはいえ、加入している人たちが料金負担を通して維持していく互助的な社会システムです。したがって、負担者数が減れば各自の負担は重くなり、システムがそれに耐えられなくなる個人や経営体が続出する恐れも出てきます。

　日本全体としての水道システムは「先進国」「トップクラス」水準とされる一方、そこに満たない地域、あるいはそこから**"脱落"する地域が出てくる事態が予測されています**。

　現時点では過疎地での問題として語られていますが、この先は都市部があっという間に過疎化していくため、過疎地で"先進的に"起きている難題は、今後は日本全体の課題となる運命にあると認識しておかなくてはなりません。

　このような予測のもと、水道普及率、国の水質基準ともに領土の隅々まで「水道先進国であらねばならない」という使命感から、審議会を招集し「水道ビジョン」という処方箋を示したのが、ほかならぬ国、厚生労働省です。

　その処方をひと言で言い表わすなら、総務省が推し進めた「**平成の大合併方式**」です。つまり、国が面倒を見切れなくなるなかで、財政的自立が困難になる弱小町村は、より大きな市に吸収合併されるなりして生き残れという方式です。

　述べてきたような水道を取り巻く情勢を認識したとき、「先進国型水道」を過疎地でも曲がりなりにも維持しようとする国の路線は、実情に合った合理的な処方なのでしょうか？　ほかの方法（代替処方）があるのではないで

しょうか？　著者はそう考え、本書の中で試案を展開していくつもりです。
　そして、経営のあり方、技術の選び方・扱い方などについて、別の発想から実践的な処方箋を提示してみたいと思います。

PART1
幸せな水道を求めて

1　水道のない地域の天然水

　これから、水道について考えていくために、まずは「水道がない地域」について知っておきましょう。

　秋田県の旧六郷町（2004年11月より美郷町）の水政策を紹介します。ここは、水道普及率ゼロパーセントの地域です。各家庭から商店、旅館、公共施設にいたるまで人口約7000人の生活用水はすべて井戸水です。
　旧六郷町の市街と集落のある標高50メートルくらいの土地の地下数メートルには、ゆっくり動く地下水の流れがあります。おのおのがそこまで井戸を掘り抜き、地下水をポンプで汲み上げ、蛇口をひねれば好きなだけ水を使える**天然の水道**をもっています。町の人に言わせれば、この水道はポンプアップに電気代が多少かかるだけでなんら不自由はなく、良い水がタダなのだから、ずっとこのまま使いつづけたい、とのことです。ちなみに下水道普及率は59％ですが、下水で地下水を汚さないよう徹底的に下水の漏れを防ぐ施設となっています。
　地下水が地表に湧き出したところは清水（シズ）と呼ばれ、人びとが大切に守ってきた水場です。むかしは百清水と言われたそうで、今も70あまりの清水が残り、夏はビールやスイカを冷やしたり、冬は菜っ葉を洗ったりと、今日も生活に利用されています。
　各家庭でポンプアップ式の井戸が掘られる以前は、各家庭の「台所」や「洗面所」はそれぞれの清水でした。いったん使った水はけっして下流の清水に混じらないよう水路が設えられています。いわば水の動きに沿った上水と下水のシステムが町中に張りめぐらされていたのです。
　旧六郷町の水利用法は、昔も今も**地域の水循環の仕組みをうまく取り込んだ典型**といえます。直接の水源は浅い地層を動く地下水ですが、その水は、少し上流の水田地帯などからしみ込む地表水、さらに上流の山林地帯などが地層に蓄え徐々に地下水層に押し出していく水などが集まったものです（図

図2 | 旧六郷町の"天然の水道"の仕組み

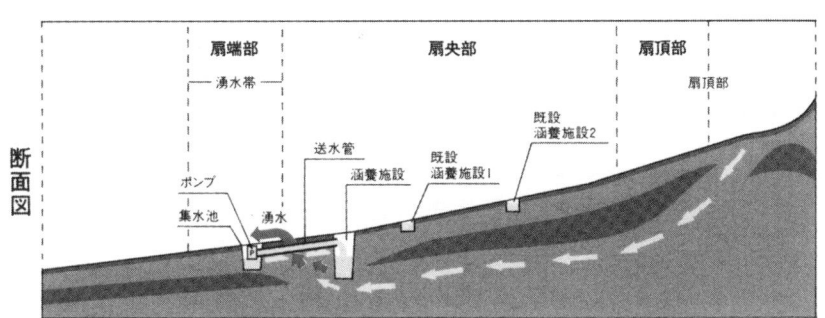

2)。さらに元をたどれば、すべて降水(雨や雪)であることは言うまでもありません。そういった水循環の途中の、地下にある状態の水の一部を人びとが利用させてもらっているわけです。

旧六郷町が位置する秋田県南部、横手盆地の地下水の動きを研究している秋田大学の肥田登教授(水文学)の調査によると、沖積層からなる盆地の水田地帯で、地下50メートルまでの深さに蓄えられている水量は、有効貯水量2億3000万m³の玉川ダム10個分に達し、しかもそれは取り出して利用できる量だといいます。

そのような**天然の地下ダム**が、六郷の"天然の水道"の水源の一部なのです。

私たちが使用している普通の水道システムにつきもののコンクリートダム、取水施設や送水管、浄水場、配水管などの**ハードで高価な構造物はいりません**。

そのうえ、取り出す水は地層によってろ過され、地上の有機物や化学物質の混じりが少ない、そして水道水に必要悪な残留塩素もない、すぐれて**自然な清浄さと美味をもつ水**。この地に育まれた酒づくりをはじめとする食文化も、"天然の水道"があってこそ健全です。六郷名物の清水は今や重要な観

光資源ともなっていて、町の人びとは「水道のない幸せ」を選びつづけているのです。

水を治しながら恵まれつづける

原点としての"天然の水道"にも、しかし現代の病は否応なしに押し寄せています。

ひとつは、六郷でも30年ほど前から現れてきた「天然の地下ダム」の**貯水能力低下**です。

1975年に着手された圃場整備とともに、冬場に井戸枯れする家が出てきました。地下水の涵養源である水田地帯から地下の地層（帯水層）に浸透する水量が減ってしまったのです。

そこで、当時の町長から頼まれ、診断と処方を引き受けた前出の肥田教授は、水田を使った**地下水の**「**人工涵養**」に取り組みます。町と協力し、何カ所か水田を借り上げたり買い取り、浸透しやすい条件をつくり冬期間も水を入れることで、地下水の涵養量を補っているとのことです。あくまでも"天然の水道"を使いつづけるために、少しだけ人間の手を貸して水循環を強化する手法といえましょう。

2つめの水の病は、**汚染**です。

神奈川県秦野市のケースを紹介しましょう。秦野市水道は1890年、日本で3番目に早く近代水道を敷いた地域ですが、水源は一貫して丹沢山系が涵養する地下水に求めてきました。1999年に宮ヶ瀬ダムが運用開始されてからはダムの水も買っていますが、今でも人口約17万の水道水の75％が秦野盆地の「地下ダム」からの水です。ここも、盆地の一番低い地帯にいくつもの湧水が残っています。

1989年、そのなかの1カ所、「弘法の清水」と呼ばれる名水に水道水質基

準の倍（0.021mg/1）のテトラクロロエチレン汚染が発覚したのです。以降、市は地下水の汚染対策に乗り出しました。無料で良質な地下水を求めて秦野市には多くのハイテク工場が進出しており、それら工場への立ち入り・土壌・ボーリング調査などをおこなって汚染源を特定し、いくつかの対策を重ねています。

　汚染源の工場と汚染物質を排出しない義務づけや協定を結び、汚染されてしまった地下水に対しては浄化装置の自己開発・設置などによって、確実に汚染を減らしてきました、その結果、地下水源は水道水質基準をクリアし、2004年初頭にはシンボルとしての「弘法の清水」復活宣言にこぎ着けたわけです。

　住む人びとの「良き水」への誇りと愛着、市長はじめ水道職員の水治しへの情熱が、厳しい環境にあってもなお秦野らしい水を守りえているということでしょう。

　ここで紹介した六郷と秦野という2つの町の試みは、天然の水のもつ素晴らしさを享受しつづけるためには、地域の水循環を含めた自然環境に誇りと愛着をもち、その仕組みにやさしく手を差し伸べる愛情と知恵が不可欠なことを教えています。

　それには科学にもとづいた解明と処方が必要であり、自然のメカニズムにとっても住民にとっても、もっとも負担の少ない手法を選ぶことで、自然の恵みを利用しつづけることが初めて可能となるということでしょう。

2 簡素で費用のかからない処理法を選ぶ

　もうひとつ、水道の原点を技術面から考える材料として、より簡素で費用のかからない浄水処理法を町自らが選び取った例を報告しておきましょう。

　1997年に降ってわいた「クリプトスポリジウム（クリプト）騒動」を経て、**緩速ろ過浄水場**を導入した人口約4000の岡山県の旧哲多町（2005年3月31日合併により新見市）のケースです。

　中国山地に位置し、石灰岩層にろ過されてできる地下水を水源とするこの町の水道は、浄水施設がなくてもなんら問題のない良質な原水に恵まれてきました。しかし、1997年12月、県の水質検査機関から突然に「原水にクリプトスポリジウムらしきものを検出」との検査結果を通知されたことをきっかけに、町の水道は大きな岐路に立たされます。

　町は即日、疑惑の水源を閉鎖し、周辺市町村に給水車の応援を頼み、隣町から水を分けてもらうなどの緊急措置を取り、町民の健康調査も実施しました。が、クリプトスポリジウムはそれ以上どこからも検出されませんでした。

　ところが、クリプト感染が疑われる患者が1人現れるにいたって、当時の厚生省は「緊急給水停止」とともに、「ろ過の導入などによる浄水処理を速やかにおこなわせる」という厳しい通知を町によこしたのです。浄水場なしでやってきた哲多町は、新たに**浄水施設を建設しないと給水ができない**という事態に直面したのです。

　緊急給水停止措置、浄水場設置は、当時の厚生省のクリプト対策指針に沿った指導だったわけですが、旧哲多町にとっての難題は、浄水場に新規投資をしなければならないこと。町は設置を決断します。水道担当者が研究した末に「安全でおいしく安い水を供給できる」と、緩速ろ過処理導入を固めました。

　ところが当時の厚生省は、クリプト対策指針では「急速ろ過」「緩速ろ過」「膜ろ過」のいずれの処理施設でも良しとしながら、膜ろ過以外には**補助金**

を出さない方針だったのです。それでも町は比較検討した結果、勇気をもって緩速ろ過導入を決断しました。

補助金がなくても緩速ろ過のほうがはるかに安く、膜ろ過の自己負担分で２カ所もつくれ管理も簡単、というのがその理由でした。

急速ろ過では、それまでと比べて塩素投入量が格段に増え、町民の健康へのリスクが高くなると考えたそうです。

緩速ろ過を導入して５年以上を経た旧哲多町では、自動監視装置のおかげもあり、予想以上に維持管理費が安くて簡単で、選択が間違っていなかったとの確信をもっています。

その後、旧厚生省は急速ろ過、緩速ろ過施設にも補助金を出す方針に転換し、「安く管理しやすいものをそれぞれの判断で選択を」という態度に変わっています。

旧哲多町の騒動のときにはまだ、厚生省自身に、1996年の埼玉県越生町のクリプト感染事件のパニックがつづいていたのかもしれません。

旧哲多町が経験した苦悩と決断は、水道の技術レベルの選択を、誰がどのような仕方でどう判断するかという根本的な課題を提示しています。

あくまでも住民のための水道の仕組みを採りつづけることができるかどうか、小さな自治体にはじつに勇気のいることなのだということをも教えています。

3　途上国の飲み水供給システムのメリット

　一気に視野を世界にまで広げてみると、そこからまた新たな視点が生まれてきます。

　日本政府は、開発途上国へのODA（政府開発援助）の一環として水に関する協力をかなりおこなっています。2003年ODA白書を見ると、水は重点的分野に位置づけられていて、1999～2001年の3年間に6500億円以上の援助をおこなったとあります。そのうちの飲料水と衛生分野においては、世界のODA資金総額（約30億ドル）のうちの3分の1にあたる約10億ドル以上を担う世界最大のドナーです。

　それらの案件リストを覗いてみると、都市部での上（下）水道整備計画、地区・集落単位の給水計画、地下水開発計画などに大きく分けられます。ざっと数えたところ、181件もリストアップされ、地域単位の細かな事業をたくさん実施していることが見てとれました。

　そういった案件に携わる関係者に聞いたところ、都市部における大規模給水システムの建設はそう困難ではないが、むしろ地方や村落での事業のほうが経営や管理の面から持続可能なシステムになるようきめ細かな配慮が必要、ということです。

　というのも、かつてはその国の政府が先進国並みのりっぱな水道施設を要請し建設したまではよかったものの、維持管理がおざなりで放置されたり、また住民から水道料金をきちんと徴収できない、盗水が横行するなどで、機能しなくなるケースが多発したからだといいます。

　そこで、住民が**支払い可能な料金設定**で維持していける、水源開発費が安く、浄化施設にできるだけお金のかからない良質な水源と浄化システムと、現地の人材で維持管理が可能な施設・技術水準のシステム設計である必要があります。

　最近の被援助国政府も、援助にそのような性格を望んでいるそうです。そうなると必然的に、「**住民でできる管理・運営**」という性格をもった水道シ

ステムになるのだといいます。

　したがって、水源開発についていえば大型ダムよりも良質な地下水確保、高度な浄水処理施設よりも簡素な施設、あるいは料金徴収を民間委託してやるなど、できるだけコストを省略する、小さくきめ細かなシステムになってくるわけです。

　こういった考え方にもとづく「住民でできる」飲み水供給システムは、途上国に閉じ込めておくにはもったいないものです。

　先進国・日本にあっても小さくて人口が少ない地域、お金が十分負担できない地域においては、かなりの合理性と期待がもてます。

　「住民でできる」というシステムは「先進国神話」に凝り固まった日本にもフィードバックできる要素が多分にあるのではないでしょうか。

　少子高齢化＋人口減の日本社会でのこれからの水道のあり方のひとつの対策になるかもしれません。

column
水コンの生きる道

　2005（平成17）年7月号の『日本水道協会雑誌』に衝撃的な広告が掲載された。

　何が衝撃的かといえば、メーカーか水コンの広告しか目にしなかった雑誌に、ついにアウトサイダーとも言える「経営コンサルタント」の広告が登場したことである。

　ついに「水道一家」（44ページ参照）崩壊のときがやってきた……というのが正直な感想である。

　公営企業の経営診断として銀行系の総合研究所の広告が掲載されている。キャッチコピーは「当研究所は、地方公営企業の経営状況を外部の目から客観的に評価・課題抽出する"経営診断"等をつうじて、経営効率化や市民からの信頼獲得についてご支援いたします」と書かれている。

　上下水道コンサルタント（通称：水コン）は認可設計の場合の償還計画程度なら実績があるが、公営企業の経営診断のノウハウは持ち合わせていないのである。

　善通寺市は日本政策投資銀行が経営コンサルタント業務をおこなっており、全国簡易水道協議会が2005年3月に実施した「水道実務指導者研究集会」の席で、経営分析の結果が紹介された。

　今後は経営診断ができないコンサルタントは図面屋としてしか生き残れなくなる。上水道事業は「業務指標（PI）」が日本水道協会規格として制定され、水道事業の経営の透明性と説明責任が求められる。JWWA－Q－100「水道事業ガイドライン」を数百冊購入した水コンがあると聞いた。マネジメントに大きく舵をきれる企業が生き残れる時代になってきた。

　あなたは本当にコンサルタントですか？……日本技術士会がコンサルタント・エンジニア（CE）からプロフェッショナル・エンジニア（PE）に方向転換したのは数年前のことだ。CEとPEは思想性がまったく異なる。

　独力でマネジメント能力を獲得するか、経営コンサルタントと手を組むか、選択を迫られている。経営コンサルタントも業務分野を広げるためにビジネスチャンスを窺っている。しかし水道事業の特殊性・技術評価には弱いと考えている（筆者の希望的観測）。

　さあ、どうする？　ピンチをチャンスに変えることができるか？

　時代は激しい変革のときを迎えている。

PART2
経営を健全に長もちさせる手法

1 「おいしい・安全・安い」を水道事業の売りにする

　とどまるところを知らない**ペットボトルウォーター**の売上増を聞くまでもなく、人びとが「おいしい水」を強く求めていることは疑う余地がありません。

　「おいしい水」のブームは今に始まったことでなく、旧厚生省が「おいしい水研究会」を発足させた1984年にさかのぼります。

　高度経済成長が終わって低成長が定着し、水道普及率も90％を超え、さかんに「ゆとり」ということが言われるようになった時期です。日本全体で見れば生活用水の量の確保がほぼ終わり、人びとの要求が質へと深化していきました。当然のなりゆきでしょう。

　当初、ミネラルウォーターと呼ばれ、ちょっとおしゃれなものであったボトル水の消費量も、右肩上がりとなっていきます。都市部を中心に、水道水はトリハロメタンなどの発ガン性物質、農薬など有害化学物質の含有、カビ臭など、水道の水質に危機感をもった市民が水道局に働きかけはじめ、トリハロメタンなどの発ガン性物質が規制されるのと反比例するかのように、ボトル水の消費が伸びてきました（図3、図4）。

「おいしい水」を意識せざるをえなくなった水道局

　水道局も「おいしい水」を意識せざるをえなくなります。それ以前の問題として、東京や大阪の原水（江戸川や淀川）が汚れて毎年カビ臭が発生、住民からの苦情に対処を迫られていました。そこで、毎夏、**数億円分もの粉末活性炭**を対症療法的に大量投入していました。

　1980年代当時、両浄水場に取材に行くと、「冷やせばおいしくなるんだが」などというのが職員の意識でした。その後、常設の「高度浄水処理施設」を導入したこれら巨大水道局は、今では「安全でおいしい水」キャンペーンを積極的におこなうようになっています。

　旧厚生省の水質基準も1992年の改定で「おいしい水」を意識した13の「快

図3 | 日本のミネラルウォーター市場

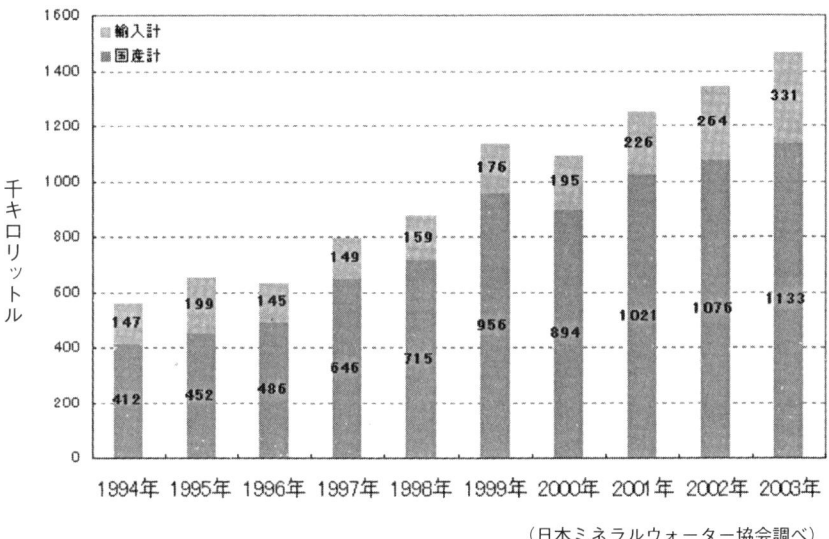

(日本ミネラルウォーター協会調べ)

図4 | 日本の国民1人当たりの年間消費量

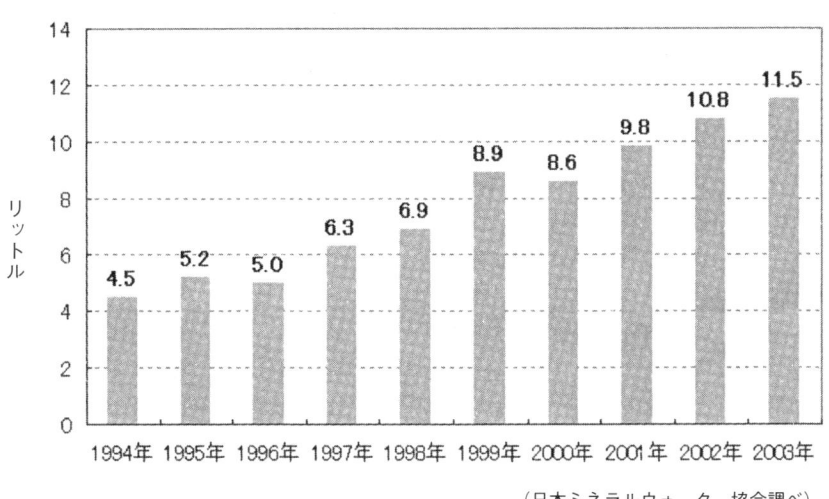

(日本ミネラルウォーター協会調べ)

適水質項目」を設けました（2004年に再編）。そして今、国の方針は、水源保全の必要性は説きながらも、高度浄水処理を導入してでも「おいしく飲用できる水」を提供し、**国民の水道水飲用ばなれ**を防ごうとしています。

　水道供給者としての当然の姿勢といえますが、それで人びとの水道水ばなれを押し留めることができるでしょうか？

ナチュラルな水へのニーズを地域に活かす

　人びとの要求は少し違うところにあると考えられます。

　利用者は、基準を満たし浄水され殺菌されていれば良しというのでなく、より**ナチュラルな水**を欲しているのです。

　最近は、名水だけでなく口コミで知られる湧水に人びとが列をなし、水を汲んでいきます。都市部に住む人たちだけに限りません。比較的水質は良いと思われる水道水を使っている人びともです。

　この現象は何を意味しているのでしょう。やや非科学的と受け取られかねませんが、**人工的な手を加えていない**、自然がもつ"水の力"を心身に取りこもうとしているかのようです。それはもう水道の領域を越えており、別次元の話だと言われるかもしれません。しかし、そうとばかりも言えません。人びとが無意識に水に求めているこの種の要求をむしろ、これからの水道事業に生かすことはできないものでしょうか。

　簡易水道、水道法適用外の飲料水供給施設、山間部の小さな町村営の上水道などの多くは、基本的にその水源の良さ（近年は山間部でも汚染リスクは高まってきていますが）のおかげで、ごく簡素な浄水処理あるいは最小限の塩素殺菌で自然に近い状態の水を供給しえています。

　著者もたまにそのような土地を訪れ滞在すると、そこの水がもつおいしさや清浄さにほっとさせられ力を得たように感じます。それは都市に住む人間

にとって、たいへんな癒し効果であり、それだけで価値なのです。ときどき訪れてしばし滞在したい、かりに都会を脱出するならこんなところに住みたい、と思わせる魅力があります。

　良い水源に恵まれた、こういった「小さい水道」は、その価値を自ら認識すべきでしょう。

　「水危機の世紀」と言われる今世紀の人類の多くは、量ばかりでなく自然の循環によって浄化された良質の淡水を手に入れることが非常に困難となりつつあります。世界的に見れば相当に恵まれた日本列島の水環境もそこから自由とは言い切れませんが、良質な自然水の恩恵を受ける「小さな地域」の価値はより際立ってくるでしょう。

　"ナチュラルな水"を今のまま生活に利用しつづけられるような維持管理方法を模索し、地域の誇りと魅力づくりにつなげましょう。たとえば、観光や滞在型リゾート施設によって得た収益のいくらかでも、水保全に還元することをお勧めしたいと思います。

2 「安全な水」を確保するために

　一方、国の今後の水道施策方針である「水道ビジョン」（2004年）では、達成すべき施策目標のひとつに「水質管理率100％プログラム」を掲げ、小規模な水道施設について次のように記しています。
　「水道の未普及人口およそ410万人については未規制の小規模施設により水が確保されており、小規模な貯水槽水道は規制の対象となっておらず、これらの未規制については未だに衛生上の問題も発生し、水質面での不安を感じる利用者が多い。施設の設置者、都道府県、水道事業者、検査機関、民間企業等のそれぞれの役割分担の下で、一定の水質管理水準を確保する」
　これまで行政の手がおよんでいなかった"自治的な"小さな水供給に対しても規制の網をかけ、一定の水質管理水準を守らせようという意図と読みとれます。
　たとえば、家庭で使っている井戸、個人や企業の専用水道も野放しにせず、「水質管理」の名のもとに行政のチェックが入るというわけです。
　そのこと自体、悪いことではありません。
　しかしよく考えると、個人の井戸も集落の給水施設も、私的な専用水道も、そのままでは使いつづけられなくなるかもしれないという、存続の危機を孕む"お達し"でもあります。もし、その超ミクロ水道が国の施設基準から外れていたら、設置者が自分で浄水処理施設を設置するなどして改善する資力がない場合は、近くにある水道事業へ、あるいはその監督下へと統合されていかざるを得ません。また、水質管理のための分析で経営を圧迫していることも事実です。"水利用の自治"を奪われる心配がないとはいえません。
　とくに、超ミクロ水道は水源の良さからしても、浄水施設をもたないもの、塩素投入量も最小限のところがほとんどなので、たとえば浄水施設を必ず付けよと義務づけられれば、"ナチュラル"に近い水を水道で飲みつづける機会がこの国から失われます。
　そうすると、中山間地における"水の魅力"を核にした地域づくりも希望

の道を絶たれてしまうのではないでしょうか？

　フランスでは、何も手の加えていない無添加のミネラル水をボトル詰めして世界中に輸出しています。その代わり、水源と水質に関する厳しい管理を地域に課しています。国家戦略でもありますが、その成功の要因は**"ナチュラル"なイメージと裏づけ**にあると思われます。

　「安全な水の確保を」というもっともなスローガンも、その中身の検討が必要です。

　誰にとって、どの程度が「安全な水」であるのか、全国一律でなければならないのか……といった観点から、地域ごとに住民の目線に立った安全論を組み立てる必要があります。

3 右肩下がり時代の経営ポイント

　これからの地域水道を考えるコンサルタントが、水道経営をより健全にするにはどうしたらよいか。経営状態の見方、評価の判断、監視の手法などについて具体的に、解説を試みてみましょう。

　水道事業は、戦後ずっと一方的に拡大成長する右肩上がりできました。
　個々の水道事業体の計画もみな「第○次拡張計画」というように、つねに**需要増を前提にした施設拡張**を繰り返してきたのです。どの町の水道もそういう経緯をたどっているはずです。
　ところが、日本全体では平成の声を聞いたあたりから、水需要の成長線は停滞からわずかながら右肩下がりへと屈折してしまいました。景気動向、節水、人口増停滞など、さまざまな社会的要因が複合して成長が頭打ちとなったのです。
　しかし「走っている車は急に止まれない」のと同じように、何十年も拡大しか知らなかった水道事業は、相変わらず拡張計画と新規投資を終わりにできなかったところがほとんどでした。売上げが落ち、お客さんのニーズも縮小しているのに、それに気づくのに鈍感で、過剰な設備投資の結果、借金が膨らみ、経営難に陥る──という構造に日本の水道事業ははまってしまったわけです。
　これまでは「公のサービスは潰れない」と信じることができましたが、そうとは言い切れないことは、ここ数年の構造改革で思い知らされているとおりです。借金の何が悪い！　と開きなおる人はこの時代、あまりいないでしょうが、もっとも不味いことは、そのツケを水道事業者が購うのではなく、住民が、水道料金の高騰ばかりか、将来世代までが支払っていかなくてはならない不公平さにあります。
　すでにそのようなマイナスのサイクルに陥ってしまった水道、勇気をもって「中止」すればそのような事態を回避できる水道、いまだ健全な経営をお

表1 | 日本の上水道事業の現状

上水道事業数*	1956（都道府県5、市町村1865、組合76、市営10）
簡易水道事業数	8599（公営7415　その他1184）
給水人口	1億2337万8000人（普及率96.8%）
給水量	167億9162万4000㎥
総収益	3兆2285億7800万円（水道事業、法適用企業）
施設事業費	9975億7900万円
内訳	貯水：206億8100万円　取水：241億7700万円 導水：174億1900万円　浄水：1177億7100万円 送水：464億5100万円　配水：6509億5300万円 その他：1201億2700万円
費用内訳（%）	人件費18.3　減価償却費23.6　支払利息14.4 受水費16.7　その他27.0（有収水量1㎥当たり）

＊2002年度現在の法適用企業　　　　　　　（『水道年鑑2005』より）

図5 | 2003年度の収益的収支の内訳

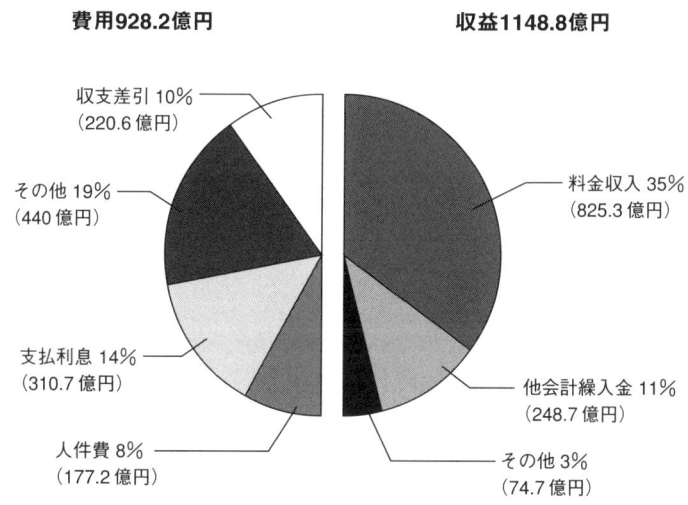

こなっている水道……など、いろいろな状況の水道事業体が存在します。

表1、図5で、日本の水道の現状を表します。

> ポイント1　**給水価格と給水原価から経営努力がわかる**

　水道の利用者は、水道料金の値上げについては非常に敏感です。しかし、水道事業全体の効率性を見抜かないことには、数年毎の料金値上げが待ち受けることになります。水道事業の経営努力は「給水原価」に注目するとわかりやすいのです。

　通常の水道料金体系では一般消費者が利用する、月に10m³とか20m³の料金は低く抑えてあります。一方、大量に水を使う企業向けの料金は高く設定しています。つまり、少水量の家庭用には原価を割り込んで赤字で給水し、その赤字分を大量に消費する企業から回収する仕組みを採用して、大量に使うと単価が上がる（逓増制の料金体系）という、普通とは異なる論理の水道料金体系が採用されているのです。

　一般企業は、製造原価を抑えるために必死の経営努力をしており、水道料金の高騰に耐え切れずに自家水源（自前の井戸）の開発に乗り出し、水道ばなれを起こしていることが指摘されています。

　水道事業も、水道原価を抑え企業努力をしなくてはならない時代にきているのです。

　たとえば、大量に水道水を利用している上得意先である企業の水道ばなれを防ぎ、料金収入の減少に歯止めをかけるために、逓増性の料金体系を改めるなどの取り組みを始めた水道も出ています。この動きは、長らく競争がなかった水道事業に「**自家用井戸の開発**」という**競争相手が出現**したことにより料金が低下するというメカニズムが働くことを図らずも証明しています。

　水道事業は、地方公営企業法で独立採算を義務づけられており、税金を投

入しないことが原則ですが、小規模の水道事業においては、自治体の一般財源から税金が投入されている場合が多いのです。

デフレの時代においても水道料金は値上げの圧力が強く、また値上げしなくては経営が成り立たない状況に追い詰められているのが現状です。過去の過剰投資のツケが噴出しているのです。

給水原価の日本全国平均は、1m³当たり202円（2002年度の統計）となっています。職員1人当たりの有収（給水）水量が多い（つまり労働生産性が高い）トップ10の給水原価の平均は105円です。

給水原価で評価することによって、「わがまちの水道経営」がどのような状態かを判断できます。

給水人口5000人以上の上水道と呼ばれる括りの水道は、地方公営企業法の適用を受けるので、経営状態の開示が義務付けられており、1953（昭和28）年以降の経営内容データが、毎年刊行される「地方公営企業年鑑」において公表されています。しかし、それ以下の規模である簡易水道は同法の適用を受けていないので、経営状態が不透明といわれています。

給水原価は、「**職員給与費＋委託費＋支払利息＋減価償却費＋受水費（他団体から買っている場合）＋修繕費＋その他**」で構成されています。ほかの水道事業体との比較や、同一水道事業体の経年的変化を、グラフなどを用いて解析することで、企業努力の一端を把握することが可能となります。

ポイント2　節約できる経費、できない経費を知る

民間企業は激烈なリストラをおこなったことにより、業績を回復してきました。企業存続のために人員整理で難局を切り抜けるしかないと考えての決断です。

水道事業においても、ムダな事業を中止することから始めるべきですが、そのうえに生産性の向上は欠かせません。経営改善に積極的に取り組む自治

体は、水道局職員を一般行政部門へ配置転換するなどによって、1人当たりの生産性向上を図っています。

　水道事業体の生産性を示すものとして、給水原価の歩みを図6に示します。職員1人当たりの有収水量の歩みを図7に示します。

　1955（昭和30）年代はみな同じくらいの原価であった水道事業体が、2002（平成14）年度には1m³当たり120円もの差を生じています。とくにバブル崩壊後の1989（平成元）年以降のトレンドを見ると、いっそう格差が広がる兆しをみせています。

　職員1人当たりの有収水量についても1998年以降、わずかながらも上昇している事業体と、低下している事業体があることが読み取れます。

　また、水道事業の原価構成を見ると、**固定費**がそのほとんどを占めています。なぜでしょうか？

　水道の原料となる井戸水や河川の水は取水量を増やしても原価が取水量に応じて増えないからです。「いやいや、水利権を手に入れるためにダム建設の巨額な負担金を出しているではないか」と言われるでしょうが、この場合取水量の多寡にかかわらず支払うべき金額が変わらないので固定費となるのです。

　また、用水供給事業から受水している場合でも、**最低責任受水量**が決められており、受水量がゼロでも基本料金を払わなければならない、という契約になっているのが通例です。だから、受水費の半分は固定費の性格を有しています。その契約内容は一般には公開されていません。

　固定費が占める割合が多い場合の問題点は、浄水量が減っても、総原価額がほとんど減らない点にあります。水道局の「節水キャンペーン」は、自分の首を自分で絞めているような感じです。水道水の売上が少なくなっても**削るべき費目がほとんどない**のです。削れそうな費目は、電力費、薬品費ぐら

PART2　経営を健全に長もちさせる手法

図6 | 給水原価

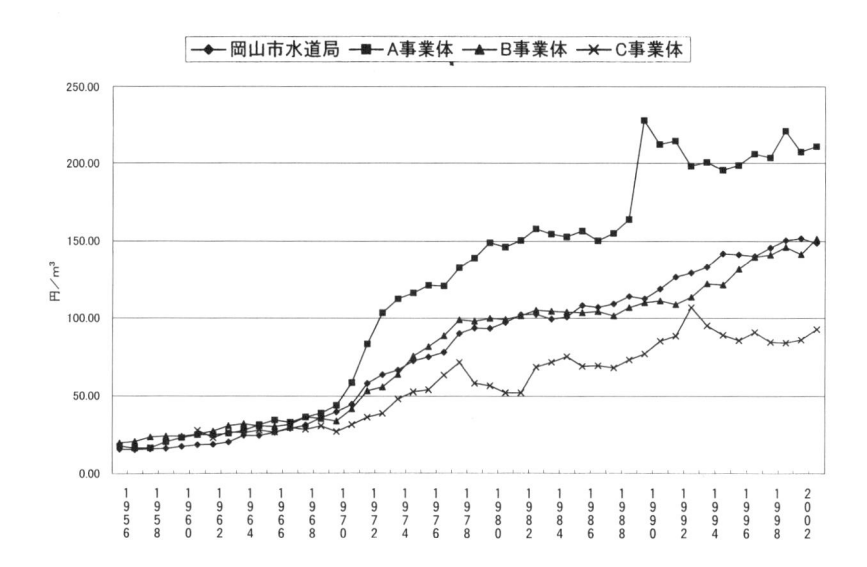

図7 | 職員1人当たりの有収水量

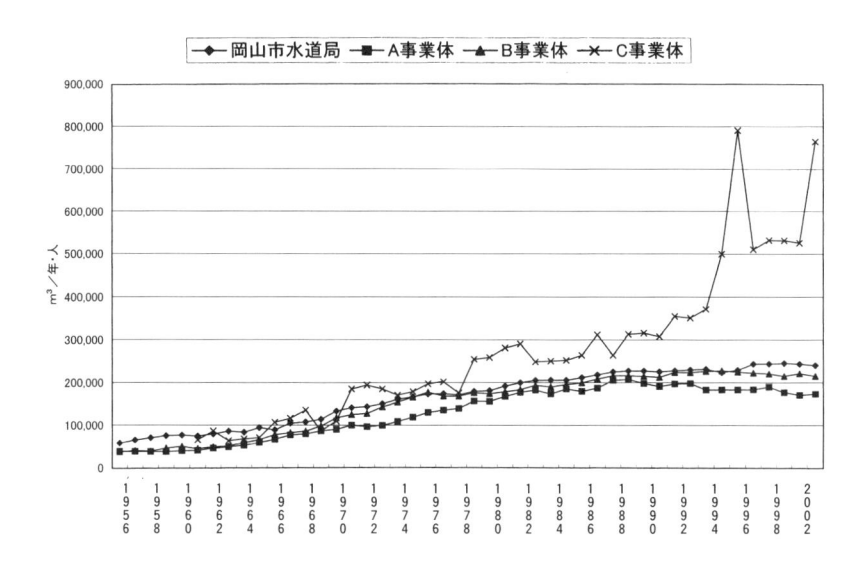

いでしょう。人件費は急には削減できません。配置転換や退職が必要だからです。右肩上がりの場合には、浄水量を増やしても原価がほとんど増えずに済みますから、どんどん投資をしても資金の回収ができると考えていたのです。

水道事業における変動費は６％程度だと言われています。水道使用量が伸びない時代においては、固定費をどのようにして変動費に転換するかが工夫のしどころになります。固定費を削減したくても借金は返済しなければなりませんから、手をつけられません。可能性があるのは民間企業がそうであったようにリストラという名前の人件費削減です。民間企業は正社員を減らし契約社員、派遣社員、パートで需給調整を図っています。水道事業も固定費の削減のために外部委託を進めています。最終的には民間委託が選択されることになるのでしょう。

設備投資が、後々の経営にいかに大きな影響を与えつづけるかがよくわかります。より慎重で、効率の良い投資が求められるのです。

水道水の売上が減少すると負のサイクルが見受けられるようになっています。つまり、

　水道水の売れ行きが悪くなる
　　　↓
　水道経営が赤字になる
　　　↓
　料金の値上げで赤字解消を図る
　　　↓
　消費者がさらに節水を進める
　　　↓
　赤字が解消しない
　　　↓

再度料金値上げをおこなう
　　　↓
ますます節水が進み水道水が売れない
　　　↓
再度値上げする
　　　↓
市民の不満が爆発する

という、とんでもない悪循環に陥るのです。

　ここで、原価の構成を比べるために、水道事業体を具体的に取り上げてみます。

　岡山市水道局を「指標」としましょう。著者が40年以上水道料金を払いつづけており、もちろん滞納はありませんし、蛇口の水をそのまま飲用するほど水質を信用している水道だからです。ほかの事業体は適当に選定しており、とくに悪いとか良いとかの基準で選定したものではありません。

　職員１人当たり有収水量の全国トップ10の事業体の平均有収水量は1405万411m^3／年・人です。ここに取り上げた事例の３倍〜７倍程度の給水量を実現しています。職員１人当たり有収水量が多い事業体や低原価である事業体の多くは、深井戸と湧水を水源としています。

　図７で示した岡山市は、「表流水＋浅井戸（伏流水を含む）＋受水」を水源としています。A事業体は「表流水＋受水」、B事業体は「伏流水」、C事業体は「受水」によっています。C事業体の1998（平成10）年度における職員１人当たり有収水量のピークは、職員を削減しすぎたためにはね上がっているものです。そのため翌年度には職員数を元に戻しています（職員数は資本勘定と損益勘定の人数を合算したものを用いています）。

表2 | 給水1m³の原価構成（単位：円）

年度	岡山市水道局 昭和39年度	岡山市水道局 平成14年度	A事業体 昭和39年度	A事業体 平成14年度	B事業体 昭和39年度	B事業体 平成14年度	C事業体 昭和39年度	C事業体 平成14年度
職員給与費	8.39	34.14	9.45	33.74	12.11	32.38	4.86	9.74
支払利息(A)	2.13	18.67	2.29	43.52	3.52	26.79	0.97	6.76
減価償却費(B)	2.61	46.11	3.15	74.37	3.69	47.45	2.06	13.11
(A)+(B)		64.78		117.89		74.24		19.87
動力費	1.91	4.01	3.12	8.64	1.89	5.22	0.09	2.02
光熱水費		0.20				0.22		0.29
通信運搬費		0.78		0.82		0.61		0.30
修繕費	0.11	19.78	0.70	4.26	0.21	1.60	0.33	9.96
材料費	0.48	0.28	0.51	0.15	1.29	0.12	0.20	0.16
薬品費	0.11	0.36	0.12	0.11	0.06	0.48		
路面復旧費	0.03	1.08	0.05	0.42	0.07			
委託費		10.72		17.92		9.62		6.48
受水費		9.02		9.85			10.96	31.82
その他	1.85	5.56	3.02	10.94	1.91	16.61	0.71	5.05
費用合計	17.62	150.71	22.41	204.78	24.78	141.11	20.18	85.69
消費者物価指数	100	432	100	432	100	432	100	432
補正原価		76.11		96.81		107.05		87.18
補正後上昇率(%)		198		211		132		98

これら四事業体の原価構成の詳細を表2に示します。

● **人件費**

　表2の職員給与費は文字どおり人件費です。

　少ない人数で切り盛りしているほど低い数値になります。外部に委託すると外部委託費となります。最近外部の安い人件費を利用する外部委託が進められる傾向にあります。委託先としては民間企業もありますが、受け皿組織として水道事業体が主体となって設立し水道メーターの検針などを委託している、財団法人の「水道サービス公社」が存在する場合が多いのです。外部委託により経費が削減できる大きな理由は、官民の給与格差であると考えられます。

● 減価償却

　水道事業は、まず借金で水道施設を建設します。その後、水道料金収入で返済していく方式で経営されています。莫大な借金の回収の目処が立たずに大問題となった道路公団と同じ構造です。

　後世の受益者にも料金を負担してもらうための仕組みと言われていますが、過大な投資は後世へ受益以上の負担を強いることになります。

　「減価償却」は、建設した施設が法律で決められた期間は使用可能という前提で、耐用年数に達したときに資産価値をゼロにするように、毎年資産価値を減額していく仕組みです。民間企業の場合は、税金対策が主目的ですが、法律が許す範囲で可能な限り早期に減価償却をおこなって資産価値を減らし、固定費を削減することで原価を低減して利益を上げることを考えています。

　ところが、水道事業の場合には、計算上の給水原価を抑えるために、減価償却期間をできるだけ長く取り、原価に積み上げられる金額を抑えようとします。そのため、後世の負担が増える傾向にあるのです。60年といった長期にわたるものもあります。

　緩速ろ過施設の場合には、長期間の運用に耐えるため、原価償却が済んだ後も使いつづけることができますが、とくに急速ろ過の薬品注入設備などは、薬品の腐食性を原因とする故障が多発し、法定償却期間に達しない前に、使用不能になる場合が多発しています。そうなると、水道の施設についても、「シンプルイズベスト」ということがいえるのです。

● 動力費

　動力費は水を移動させるときには必ず必要となり、主に電気が用いられています。最初の段階で最適な計画を立てないと、将来にわたりムダな動力が必要になるのです。すなわち、炭酸ガス排出量が余計に増えることになりますし、経済的な損失も継続して発生します。

浄水場を山の上に造ったり、配水池と呼ばれる巨大なタンクを高所に設けますが、水をもち上げる高さが20%高くなれば、動力費は確実に20%増え、電気料金も20%上がります。浄水場が不必要なまでに高い位置に設置されていないか、配水池の位置が不必要に高くないかなどの、厳密な検証をすることが、後世の子孫が負担することになる運転コストを削減し、地球温暖化の原因となる炭酸ガス排出量の削減を図るためにも重要となってきます。

　水道施設を建設する場合には細心の注意を払わなければなりません。建設した施設は将来にわたり減価償却費と維持管理費を発生するからです。人件費削減の努力は必要ですが、初期投資と維持管理費を勘案して、もっとも経済合理性が高い方式を選定する必要があります。いったん建設されると人件費しか削減の余地がなくなり、苦しい経営を強いられることになるからです。

経費別の削減術

　水道水の原価構成を見て下さい（図8）。

削減その1　人件費（職員給与費）

　先に述べたように、設備ができ上がった後に**コスト削減が可能な最大の項目は人件費**です。

　職員給与費を外部に移転したものが委託費であり、両者を合計することで人にかかわる経費の効率の善し悪しを判断することができます。

　委託に出す場合に、高度な専門知識が必要な項目は高額でも注文しやすいですが、単純作業の場合は委託に出す大義名分が立ちにくいのです。そこで、施設を建設する場合、委託に出すのに大義名分が立ちやすい膜処理や高度処理が小規模水道に採用される事例がときどきあります。

　そのようなお役所的な発想では、競合企業が存在する場合には、たちまちコスト競争に破れ敗退することになりますが、地域独占企業である水道事業

図8 | 水道料金を決める原価構成

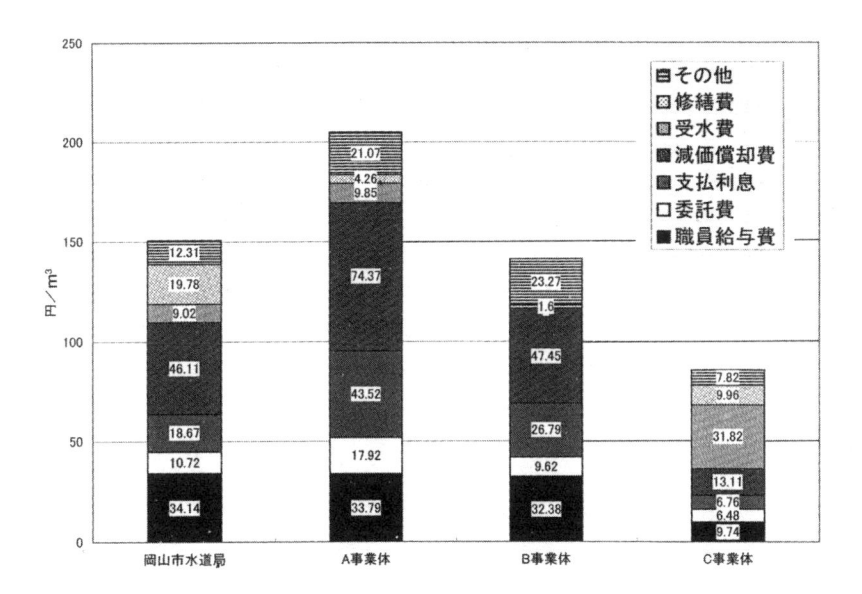

凡例: その他 / 修繕費 / 受水費 / 減価償却費 / 支払利息 / 委託費 / 職員給与費

岡山市水道局: 34.14, 10.72, 18.67, 46.11, 9.02, 19.78, 12.31
A事業体: 33.79, 17.92, 43.52, 74.37, 9.85, 4.26, 21.07
B事業体: 32.38, 9.62, 26.79, 47.45, 1.6, 23.27
C事業体: 9.74, 6.48, 6.76, 13.11, 31.82, 9.96, 7.82

図9 | 人件費、委託費はどうなっているのか

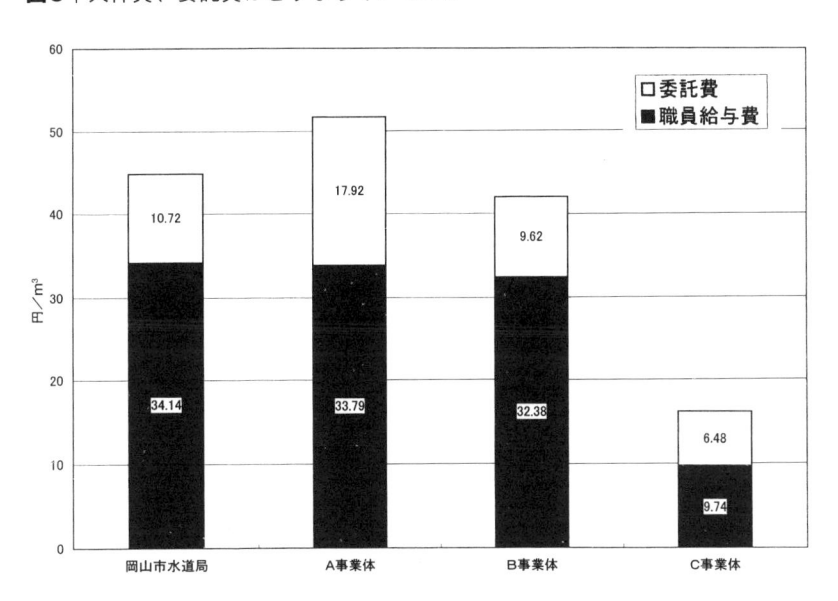

凡例: 委託費 / 職員給与費

岡山市水道局: 職員給与費 34.14, 委託費 10.72
A事業体: 職員給与費 33.79, 委託費 17.92
B事業体: 職員給与費 32.38, 委託費 9.62
C事業体: 職員給与費 9.74, 委託費 6.48

にはコスト意識が乏しく、このような判断を生む素地が存在するのです。図9に人件費と委託費の構成を示します。

削減その2　受水費

　水道事業体が用水供給事業から受水している場合には、どの用水供給事業から受水しているかで給水原価が大きく左右されます。ダム依存の場合はとくに、原価が高くなる傾向があります。

　ある県の用水供給四事業の原価構成を比較してみましょう（表3）。

　ここでも1人当たりの有収水量と料金が反比例しているのがわかります。この四事業体のデータから、職員1人当たりの有収水量と給水原価の相関を求めると次の図10が得られます。

　用水供給事業を計画した時代は、右肩上がりの経済成長の最中であり、水道水の需要も限りなく増大し、水不足が起こるという前提のもとで、水道事業を広域化しようとする政策が進められたのです。その後、「持続可能な発展」が求められる時代を迎え、過去の過剰投資が重荷になり、用水供給事業の経営は苦しくなってきています。

　用水供給事業の経営を改善するために、末端給水をおこなう水道事業体に対して、自己水源を放棄し、用水供給事業に乗り換える方向への指導・誘導政策が進められています。自己水源を放棄することは、原価の高騰を招き水道料金の値上げにつながるので、末端給水をおこなっている水道事業体は苦慮しているのが現状です。

削減その3　借金

　施設にかかわる項目は減価償却費と支払利息、修繕費で構成されます。

　設備が老朽化すると修繕費が増加するので、施設の更新の検討を始めます。先に述べたように、長もちする施設を導入することにより設備にかかわる費

表3 | 用水供給事業の給水単価（2002年度）

用水供給事業主体名	給水単価			職員数	一人当たり有収水量
	有収水量（千m³）	供給単価（円／m³）	給水原価（円／m³）	専従職員（人）	（千m³／人）
（い）	33,167	56.0	56.5	44	753.8
（ろ）	27,859	28.0	25.3	17	1638.8
（は）	9,983	100.0	84.8	23	434.0
（に）	12,313	115.0	198.8	56	219.9

図10 | 用水供給事業における職員1人当たり有収水量と給水原価

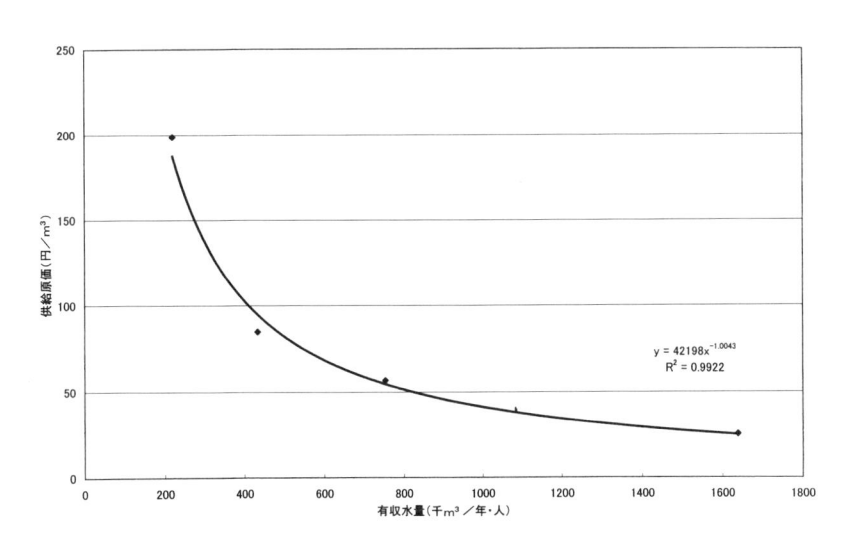

$y = 42198x^{-1.0043}$
$R^2 = 0.9922$

用の低減が可能になります。

　水道事業の資本投資の原資は、その大部分を企業債と他会計からの長期借入金でまかなっています。一般の企業会計と異なり「借入資本金」という勘定科目が存在するのです。

　その資本で建設した水道施設は減価償却をおこない借入金を返済すること

になります。また、借り入れにともなう利子の支払いも生じます。とくに支払利息は借金に比例しますから、借金度の指標になります。

また、ダムに水源を求めた場合のダム建設負担金については、一般会計から支払う場合と、水道事業会計から支払っている場合の2通りあり、一般会計から支払った場合には、水道事業会計には反映されていないので、どの程度の投資になっているか不明な場合があります。

民間企業の場合には、投下資本に対する収益率を厳しく査定し、営業効率の向上を図るために総資本利益率などの指標を用いて経営状態を把握します。少ない投下資本で利益を上げ、企業の存続を図っているのです。

減価償却が終わっても継続使用が可能な設備を設置すれば、水道料金を低減させることに貢献できます。減価償却が終わったら、ただちに設備の更新をしなければならないような脆弱な設備に対する初期投資を見直し、ライフサイクルコストを見きわめて長期にわたり使用が可能な施設を建設することが借金の低減には不可欠となるのです。

最新の技術というものは、おうおうにして、致命的な欠点を有する可能性が大きいものです。古い熟成した技術と、実績のない新しい技術との比較において、ともすれば、新しい技術に飛びつきがちな技術者に、厳しい倫理観が求められます。新しい技術を判断するには次のような資質が求められます。

① 古い技術と新しい技術を正当に評価できる幅広い見識。
② 古い技術の利点と欠点を比較考量できる経験。
③ 新しい技術を採用する場合のさまざまな可能性を検討する根気。
④ 新しい技術の正と負の側面を見抜く洞察力。
⑤ 新しい技術を採用した場合に負の要素が生じた場合の責任。
⑥ 新旧の技術を比較する場合に恣意的な判断を介入させない公平性。

表4 | 借金にかかわる原価構成（2002年度）

	岡山市水道局		A事業体		B事業体		C事業体	
	円/m³	比率(%)	円/m³	比率(%)	円/m³	比率(%)	円/m³	比率(%)
支払利息	18.67	22.1	43.52	35.6	26.79	35.3	6.76	22.7
減価償却費	46.11	54.5	74.37	60.9	47.45	62.7	13.11	43.9
修繕費	19.78	23.4	4.26	3.5	1.6	2.0	9.96	33.4
合計	84.56	100	122.15	100	75.84	100	29.83	100

図11 | 借金にかかわる原価構成のグラフ（2002年度）

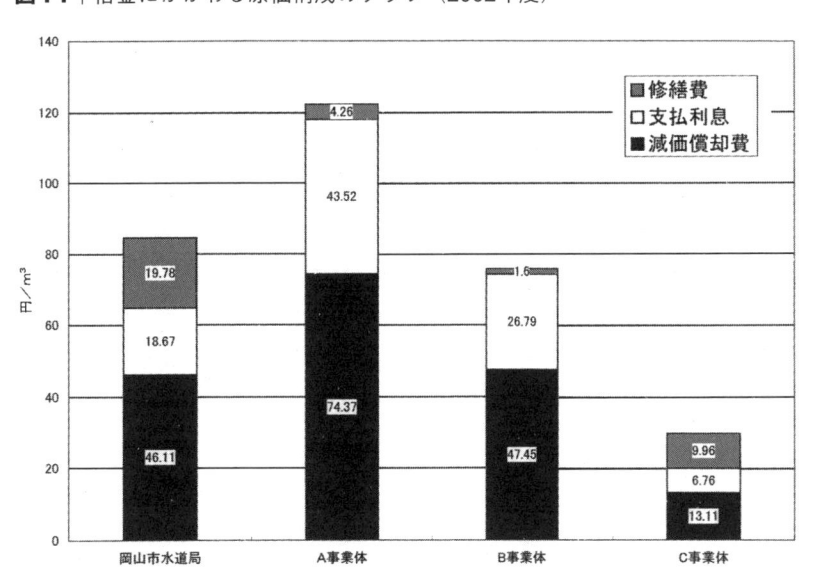

借金にかかわる原価構成の内訳を表4と図11に示します。

　A事業体は設備の更新、あるいは新設による負担が非常に大きいと考えることができます。B事業体は修繕費がほとんど発生していないことから、設備の更新がほとんど終わったと推定されます。C事業体は飛びぬけて優秀であることがわかります。

　岡山市水道局は修繕費が増えつつあり、今後設備の更新時期が次々到来すると、2005（平成17）年度の料金値上げだけでは済まず、さらなる料金値上げが避けられないと推定され、**丈夫で長もちする施設**の更新が最優先課題となっています。

　水道料金抑制のために一般会計からの繰入をおこなう手法は、市町村長の選挙対策に用いられることがありますが、交付税が削減されるなかで一般会計から水道事業に補助金を繰り出すことは、一般会計でおこなう公共事業や福祉事業などの財源を食い、税金の使途を狭めることになるのです。

4　低コスト・低労力の施設と管理のポイント

　41ページ表4、図11に見られるように、C事業体の原価は飛びぬけて安くなっています。この水道は全量受水で末端給水をおこなっていますが、受水費が安価であることと、職員数を徹底的に削減したこと、さらに設備投資を抑えることで、この状態を維持できています。

　なかでも受水単価が安いことがもっとも寄与しています。この事業体に供給している用水供給事業の水源は浅井戸であり、受水単価は28円／m^{3}と非常に安価です。ちなみに水道担当職員数は2名です。

ポイント1　じょうずな経営統合

　「悪貨は良貨を駆逐する」と言われますが、水道事業体を統合する場合に起こりうる問題を考えておかねばなりません。ある水道事業に、非常においしい水源と、普通の水源が存在する場合、不公平をなくすために両方の水を混合しておいしい水の存在をわからなくするという考え方で問題の解決が図られることがあります。これが本当の平等かどうか意見が分かれるところです。水道事業体が経営統合を図り広域化した場合には、同様なことが起こりうると考えられます。

　水道設備などの公の施設が、自治体の範囲を越えてほかの自治体に利用される場合には、地方自治法の定めにより、それぞれの議会での議決を経る必要があります。これには給水区域の変更をともなうため、両方の自治体のみでなく県への変更認可申請も必要となり、手続きが煩雑になっています。しかし、この問題は市町村合併にともない解消できるので、水道事業の効率化のため有効に活用することをお勧めします。

　水道の価値を正しく評価し、**合併後にその価値が減じないような合併が望**ましいのです。合併にともない、安い料金の水道は、高い料金に合わせることで平準化される傾向にあります。料金問題で話し合いがつかないまま、当面は現状を継続し、合併後に改めて検討することで問題を先送りし、特例債

が利用できる期限までに駆け込み合併する、というケースが多数を占めたようです。

既得権を守る「水道一家」について

ここで、水道界（水道業界ではない、水道界＝水道一家）の仕組みを図12に示します。

水道普及率が急激に上昇した高度経済成長の時期には、官僚主導の中央集権制度が有効に機能し、国民皆水道に向けて大きな力を発揮しました。中央官庁を頂点とした「**水道一家**」という呼び名は、水道関係者が誇りをもってつけたものなのです。

水処理メーカー、水道事業体、行政（厚生労働省、県の水道担当部署）、コンサルタント、（社）日本水道協会は、強固な「**鉄のペンタゴン**」を形成し"もちつもたれつ"の共同体を形成し、現在にいたっています。

一家という言葉の響きに筆者は良い印象を持っていません。産業界が共通の利益を守りたいがためにさまざまなスクラムを組むことは通常どこにでも存在します。
上記の五者に加えて一部大学も含めて強固な水道一家（ヘキサンゴンと言ってもよい）を形成しています。

地震や洪水などの災害復旧に、それらの組織が一家意識を発揮し積極的に応援体制を作り、助っ人に駆けつける場合は「水道一家」が良い面を見せるケースであり、誇らしげに「水道一家」という言葉が用いられます。

身内にとって誠に心強い「水道一家」も外部に対しては共通の利益を守るために強固な障壁（バリヤー）を形成します。残念ながら、消費者・市民はバリヤーの外側です。最も重要であるはずの顧客からは、「水道一家」の内幕がまったくと言ってよいほどわからないのが実情なのです。

水道事業はその資産が37兆円と言われ、毎年の料金収入は3兆円に達しま

図12 ｜水道一家の相関図

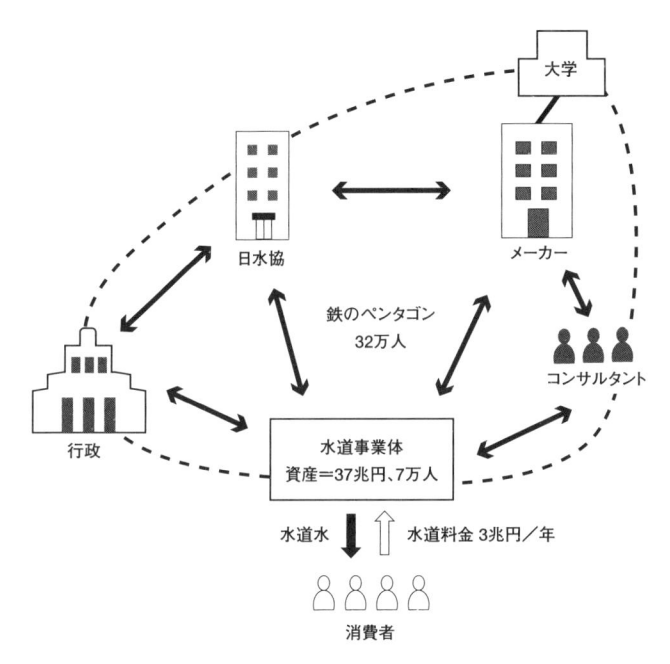

```
                          大学
                           │
            日水協 ◄──────► メーカー
              ▲               ▲
              │   鉄のペンタゴン  │
              │     32万人     │
              ▼               ▼
                          コンサルタント
            行政 ◄──────► 水道事業体
                       資産＝37兆円、7人
                          │  ▲
                       水道水│  │水道料金 3兆円／年
                          ▼  │
                          消費者
```

す。キャッシュによる収入であり、民間のように手形決済ではありません。また、7万人が水道事業に直接関わり、間接的には25万人の雇用を作り出している。これが「水道一家」なのです。

ポイント2　コンサルに使われずに使いこなす

　黎明期の水道事業体は市場に技術が存在しないため、自前で技術者を育成し、自前で設計・工事・修繕まで手がけていましたが、急激に事業が拡大していくなかで従来の自前体制では追いつかなくなり、工事の外部委託、設計の外部委託を進めてきました。現在では経営も外部化（民営化）するための議論が起きています。

　とくに小規模水道の場合、人件費削減圧力がかかるなかで、自己の技術力

を高めるための研修に参加する余裕がなくなってきています。いきおい、技術部分はコンサルタントに委託することになります。

コンサルタントはマニュアルを遵守し図面を作成すること、積算をおこなうことに秀でますが、現場経験に乏しく、メーカーの協力なしには設計をおこなうことができない場合もあります。メーカーに水処理方法を相談すれば、**当然自社に有利な処理法を提案します**。たとえば、商売に結びつかない緩速ろ過処理法の提案がなされることは皆無といえるでしょう。

緩速ろ過の提案ができるコンサルタントは非常に少ないのが現状です。

コンサルタントは水道事業体から仕事をもらう立場ですから、水道事業体から出される意向には非常に弱いといえます。設計を受託した時点で、すでに基本構想が細かく決定されている場合もあり、異を唱えると受注できないので客先の言いなりとなることが多いのです。

ところが、一般消費者は、このような事情に疎く、水道料金値上げの案件が水道審議会に諮問されたときにはすでに手遅れ、というケースが多発することになります。

ポイント3　ダムの水を買う広域水道水を避ける

過去20〜30年にわたり、全国各地の中小規模水道がダムの水を買い取る仕組みが広がりました。都道府県や企業団が運営する用水供給事業から市町村水道が、毎年契約した量の水道用水を買う、いわゆる「広域水道」という形態です。

この仕組みができた当初の主旨は、水源を新たに確保する必要がある場合、一市町村水道では財政的に困難なため、複数の市町村が共同で水道企業団を組織し、あるいは県が主体となってダム開発に参加して得た水を末端の市町村に売る、というものでした。1977年の水道法改正のさいに「広域的水道整備計画」として第5条に書き加えられた仕組みです。

以来、ダム建設とそれに関連する広域な（複数の自治体に関わる）施設建設に対して手厚い国庫補助金と起債が可能になり、「ハードの広域化」が30年近く進められてきました。これは、需要が増加して水利権不足になった都市においては「安定供給」に貢献してきたわけですが、その後低成長下に地方へと広められ、広域水道に参加したことによって水あまり（過剰開発）を来たし、水道料金の大幅な値上げに陥る市町村水道が続出する事態を生じさせています。

　政府が発表した「水道ビジョン」においても、「従来型の広域化の限界」を認め、「新たな広域施策が求められる」としています。「新たな」とは、「たとえば、施設は分散型であっても経営や運転管理を一体化し、（略）施設の維持管理の相互委託や共同委託による管理面の広域化、原水水質の共同監視、相互応援体制の整備や資材の共同備蓄等防災面からの広域化等、多様な形態の広域化」、つまり経営や管理の広域化を謳っています。

　しかし、ハードからソフトへの転換は遅すぎた感がなきにしもあらず、です。水あまり、需要減少傾向にありながらいまだに、広域水道計画から抜けられず、住民の反対を押し切ってまで、利用者に今後の負担を押し付けようとしている自治体が後を絶ちません。

　国は今も「従来型の広域化」に補助金を出しつづけており、そのかぎりはハードの広域化による犠牲住民が生じつづけるのを避けることはできません。

　「小さい水道」をもつ自治体と住民は、"旧体制"のハード広域化補助金に惑わされてはなりません。これまで広域水道に参加して失敗した市町村の場合、「もう少し水利権を確保しておきたい。国が相当援助してくれるというならやってしまえ」とやすやすと清水の舞台から飛び降り、将来にわたる傷を負うという、**補助金の誘惑に負けた**例が多かったのです。そののちの借金（起債）の返済、水道料金の半永久的な高騰にまで考えがおよばなかったということになります。

住民は、自分の使う水道が広域水道に参加する計画をもっているかどうか、もっているとしたらそれが本当に自分たちに必要かどうかをチェックし、自分たち、子どもたちが将来にわたって理不尽な負担を背負わされないよう、厳しく監視する必要があります。

　同時に、「小さい水道」の長や職員は県や国、ときに業者という強者とのお付き合いを優先させるよりも、住民の負担をまずは考え、今、この時代の判断としては「広域水道に参加しない」、すでに参加しているならば「勇気ある撤退」を決断してほしいものです。

ポイント4　「住民意思」を味方にする

　しかしながら小さな市町村の「小さい水道」の長や行政担当者たちが、強き者や近隣の市町村との約束違えとなる決断を下すことは至難の業であります。

　誰も責任を引き受けて憎まれっ子になりたくないですし、補助金返還（これについては免除される方途もあります）が生じる場合は政治的責任を追及される恐れもあります。

　そこで著者は、「住民意思」を味方にすることを提案したいと思います。

　事例をひとつ紹介しましょう。国直轄の月山ダムの利水事業にあたる山形県の広域水道（正式名は「庄内地域広域的水道整備計画」）に参加した鶴岡市では、ダムが完成する数年前から市民による**広域水道移行反対運動**が起こりました。2000年には住民投票条例設置を求める署名活動で法定数を集め、議会に提出されました。

　「水のこと、自分たちで決めよう！」が住民投票へのメッセージでしたが、議会はこれを否決、鶴岡市民は自分たちの水道水の将来を自分たちの手で決定することができませんでした。

　その結果、昭和の初めから上質な**地下水100％水道の恩恵**に浴してきた市

民は、2001年から県が取水・浄水したダム水を使うこととなり、2004年までに鶴岡市の水道料金は地下水時代の**ほぼ2倍**に跳ね上がりました。水質、おいしさ、適度な水温などの飲み水としての条件は格段に悪化しました。市民にとっては「**高くてまずい水**」になってしまったのです。

　鶴岡市民に限らず、広域水道計画の内容、その影響、自分たちの負担について住民が知ることになるのは、たいていダム完成直前か値上げ直前になってからです。その間、議会は広域水道計画への参加に同意の決議（水道法上その義務もありません）をしていたとしても、住民には広報誌で知らされるくらいのもので、直接意見を聞かれたり、住民参加の討論会や検討会で議論される例は、著者の知るかぎり皆無です。

　鶴岡市民のように、直接の負担者である住民がたとえ後からでも、自らの意思を問う機会、つまり住民投票のような手続きを要求する権利はあるといえましょう。そのさいに、どの議会もつねに拒否権を発動していますが、これは日本の間接民主主義の本末転倒な現象だといわなくてはなりません。

　住民投票は、市町村合併における意思確認手法として制度化され、「平成の大合併」においてさかんに使われました。民意の新しい反映方法のひとつとして興味深い"実験"です。その実績からすれば、もっとも身近な水道計画について、住民が直接意思表示をする「住民投票」はおこなわれてしかるべきではないでしょうか。

　自治体当局も、一度は議決してしまった議会も、そのような形で住民に決めてもらうことは、自らにとってもけっして損失ではありません。必ずやのちのち感謝されることでしょう。むしろ、積極的に受け入れるべきだといいたいのです。**水道民主主義**の発揮のひとつの方法として。

ポイント5　情報は全面公開が好都合

　水道事業の経営状態については「地方公営企業年鑑」として刊行されてお

り、1953（昭和28）年度の第一集から2003（平成15）年度の第五一集まで発行されています。1998（平成10）年度の第四六集までは書籍印刷物として、翌年の第四七集以降はCD-ROMで出版されています。また、最新のデータは総務省のホームページ（http://www.soumu.go.jp/c-zaisei/kouei/）で見ることができます。

　PI（業務指標）による情報公開をおこなうにあたって、「すでに水道事業は情報公開をおこなっているし、議会の承認を得て事業をおこなっているので、これ以上何をするのか」との意見も出ています。

　簡易水道の場合は公営企業法の適用を受けず、経営状況が不透明です。簡易水道に対して投入された一般会計からの繰り入れ金額は2002（平成14）年度（法非適用）においては、580億円で1簡易水道当たり3500万円、給水人口1人当たり11 000円にものぼります。

　水道事業の職員でも「地方公営企業年鑑」を読みこなせる人は稀と言われています。各地にオンブズマン組織が存在しますが、水道事業の場合には技術的なハードルがあるので、オンブズマン組織でも水道事業の核心に迫ることは容易ではないようです。

　「水道ビジョン」は「情報公開」について、次のように書いています。
　「ともすれば、結果に関する情報提供にとどまりがちであるが、水道に関する意思決定のプロセスを公開して、需要者の参加のもとで物事を決定するような仕組みが大切であり、理解と合意形成の獲得を目的とした情報公開をおこなうべきである」
　そのとおりですが、具体的にどうすればそうなるのでしょうか。
　やや先進的な（？）提案をしてみましょう。
　前項の鶴岡市の例をもち出すまでもなく、水道事業の情報公開は遅れており、現在の市民社会に対応できていません。とくに広域水道にからむ事業計

画は例外なく、市民に知らされるのは事業開始直前、計画変更が手遅れの時期となってからです。これは、ダム建設という各方面に重大な影響を及ぼす巨大公共事業にもかかわらず、その計画決定過程でごく狭い範囲の利害関係者の合意しか取ってこなかったことに起因します。

　ダムに水没する域に財産を所有している地権者や漁協のみがその対象だったといってよく、計画から何十年後かに最終負担者となる水道利用者の合意などは「その他大勢」「後回し」という扱いを受けてきました。まして、意思決定プロセスの公開などは、議会で通せばいいだろうといった認識だったのです。

　広域水道の本当の「意思決定者」は県知事であり、県議会に議決権があるだけ、水を買うことになる肝心の市町村は、県に計画を作ってくださいと「要請」するだけの立場と規定されています（水道法5条）。水を買い受ける市町村間での配分水量の取り決めも、県または企業団と関係市町村長だけの間の「覚書」であり、ふつう非公開なのです。

　広域水道に関していえば、このような**情報非公開**ぶりが、数々の失政例を生んだといっても過言ではありません。そこから学び、今やさまざまな政策現場で採り入れられている先駆的な「情報公開」手法とは、次のようなものと考え、提案します。

　「**公募住民が参加した全面公開議論**」そのもののことです。

　とくに、ダム計画参加のような、必ず意見が二分される（ダム建設には人びとを分裂させ対立させる傾向があります）計画については、賛否両論を同じテーブルで戦わせ、それを見守り、さらに全住民に知らせる、という仕掛けが必要となります。このような手法は、対立激しいダム計画について現在、各地で試行錯誤され、それなりの実績を作りつつあります。

　公開された住民参加の意思決定プロセスこそが、真の情報公開だといえます。情報とは何も紙に書かれた静物なのではなく、生きて動いていく議論そ

のもの、そしてそれを見聞きする住民たちが証人であり監視者となって間接的に「参加」するものです。静的な文書情報などは、そのような公開議論のなかで参考にされるもの。公衆の面前での公明正大なプロセスを大っぴらにすることで、住民も参加意識をもち、また決まったことに責任をもつことができる、それが誰にとってもメリットをもたらすwin－winゲーム（日本語では、三方一両損？）というものではないでしょうか。

5　合意形成のため水道協議会のススメ

　河川計画においては、国レベルの水系流域委員会、ダム計画見直しを迫られる諸県における検討委員会など、さかんに住民参加・合意形成の手法が模索されています。その程度、水準はピンからキリまでありますが、とにかく始めていることは評価に値します。1997年に改正された河川法に「住民参加」が初めて謳われ、河川整備計画策定のさいには住民意見、関係首長、識者の意見を聞くことが義務づけられたためです。

　ところが、毎日の生活に欠かせず、毎月負担の生じる水道事業の計画については、**「住民参加」を保障する文言**がいっさいありません。水道法には皆無、どこかの条例にはあるのでしょうか、例を知りません。

　治水はかつてお上が強大な権限と予算を投入してやるものという認識が官民にありましたが、ダム問題を契機に大きく変わってきています。それと比べると、スケールが小さく分散的で、関心がもたれにくい水道事業では官側に批判耐力がついていないせいか、「住民参加」においては治水よりもずっと遅れをとってしまいました。

　そこで、水道計画への住民合意プロセスにおいても、**「協議会」**という仕組みを提案したいと思います。

　2004年の改正地方自治法に登場した「地域協議会」というものがあります。これは、合併などによって地域の自治が弱まるのを補うために設置が認められた「地域自治区」の住民の意向を反映させるための組織です。議決権はないのですが、その地域の意見を取りまとめ行政に反映させることができる"無報酬の議会"といってもよいものです。民意を汲み取るにあたってその"無欲ぶり"に新鮮な期待がかかっています。

　長野県が設置した**流域協議会のルール**は参考になりそうです。これは「脱ダム宣言」以降のダム計画再検討プロセスの最後に位置づけられた、流域住民と行政とによる話し合いの場です。

　その構成会員は、流域に関係する住民で応募した者、関係行政機関の職員

が基本。会員の任期は決めず、入脱会は随時、座長は互選。必要に応じて召集され、県が策定する治水・利水計画に関する提言、事業等に対する協力やフォローアップなどをおこなう、となっています。すでに、ダム計画があって中止・凍結した9河川に設置され、多いところでは1年あまりに十数回の会合をもち、河川整備計画案を検討・提言し、認可につなげたところもあります。

　協議会の考え方、設置の仕方、運用ルールなどは目的や地域特性に応じて柔軟性をもたせることが重要です。政策や事業計画に住民意思を反映させる新しい手法として、住民投票とともに、議会制民主主義を補うための有効な手段となりうるものです。

　21世紀的なこの意思決定の仕組みをうまく使いこなせば、たんに「住民参加」のみならず、住民どうし・行政との間の「合意形成」、そして「情報公開」「説明責任」などを、透明な形で果たすことが可能です。大きな余禄として利権、汚職、失政などの"歯止め役"にもなりえ、究極的には地域のため、子孫のためになるのです。

PART3
ボトル水に負けない、おいしく安全な水質の保ち方

1　おいしさと料金が反比例する不思議

　　水道水のおいしさと水道料金は反比例する傾向があります。
　　なぜでしょう？　原因と対策を考えてみましょう。

　水道水の味は、原料である水源の水質にもっとも大きな影響を受け、ついで浄水処理法に影響を受けます。水源の種類と浄水処理法の組み合わせから「おいしい水」の番付をおこなうことができます。

水道水のおいしさの順位は（表5）?

　まず、各地の名水がそうであるように、**湧水**です。
　地表に降り注いだ雨が地下に浸透する間に有機物や有害微生物が除去され、さらにミネラル分などが溶解して湧出してくるのが湧水です。その成分は千差万別ですが、最上級の水に格付できます。
　次は、**地下水**です。
　自噴していませんが湧水と同様に地表に降り注いだ雨が地下に浸透する間に有機物や有害微生物が除去され、さらにミネラル分などが溶解して地下をゆっくり流れています。地下水も浅い層を流れるものと、深い層を流れるものがあります。これも最上級に格付できます。
　三番目は、**伏流水**です。
　河川の地下を河道に沿って流れ下っており、河川の砂礫によりろ過されている水です。堤防の内側（人間が住んでいる側）の堤防から少し離れた地点で、浅井戸を掘り、汲み上げて利用することが多いのです。この場合、河川本流の水質の影響が大きく、すべてが良質の水とは限らないので、評価が少し難しくなります。でも、ほとんどは優秀な水といえます。
　これらの三種類は**塩素を少量添加するだけで飲用に供する**ことができるので、もっとも安価でおいしい水であるといえます。
　「安価な水はおいしい」のです。

表5 | おいしい水の順位

順位	水源の種類ならびに浄水処理法
1位	湧水
〃	地下水
3位	伏流水
4位	河川上流部＋緩速ろ過
5位	河川上流部＋膜ろ過
〃	河川上流部＋凝集沈澱急速ろ過
〃	河川下流部＋緩速ろ過
〃	河川下流部＋凝集沈澱急速ろ過＋オゾン＋活性炭
9位	河川下流部、湖沼水＋凝集沈澱急速ろ過

　四番目から先は、人間が施設を設けて浄化作業をおこなう必要がある水となり、浄化のための施設の建設と運用のコストが発生しますから、当然高コストになります。

　しかし、浄化の施設にどのようなものを選定するかによって費用も味も異なってくるので、浄水施設の選定がポイントになります。

　四番目は、河川上流部の水を原料とし、**緩速ろ過処理した水道水**です。

　河川上流部は人間活動の影響が小さく、有機性の汚濁が少ない上質な原水が得られます。緩速ろ過は濁質には弱いので、適切な前処理が不可欠です。その施設はコンクリートと鉄筋と砂が主な材料であり、複雑な機械や電気設備が不要なため建設費も安く長もちします。緩速ろ過処理した水は特級の水道水であるといえます。

　五番目は、同様に河川上流部の水を原料とし、**膜でろ過した水**です。

　溶存有機物は除去できないので緩速ろ過には明らかに劣ります。多くの場合、前処理にPAC（ポリ塩化アルミニウム）などの凝集剤を添加するため水の味が落ちてきます。建設費と維持管理は非常に高価なものとなるのが通例です。

　同じく五番目は、河川上流部の水を原料とし、**凝集沈殿急速ろ過**をおこなったものです。

PACなどの凝集剤を添加すること、溶存有機物は除去できないことから、水の味は劣ります。また、機械設備の維持管理に多額の設備投資が必要となります。膜ろ過よりは設備費は安価にできますが、運転管理にプロの技術が求められるので大変です。凝集剤の最適注入範囲の維持に高度な技術を要するからです、いったん管理を誤ると蛇口から高濃度のアルミを含む水道水を給水する恐れが高く、新たに設けられた水質基準項目のアルミニウムが基準を超える恐れが出てきます。

同じく五番目は、河川下流の水を原料とし、**緩速ろ過**をおこなったものです。

河川下流部の原水水質は上流部に比べ劣ります。緩速ろ過は、生物起因のカビ臭を除去し、溶存有機物も分解除去するので水の味を落とさずに処理できます。

同じく五番目は、河川下流の水を原料とし凝集沈殿急速ろ過をおこない、さらにオゾン酸化し酸化分解の結果生じる低分子有機物を活性炭に吸着して除去する、いわゆる**高度処理**と呼ばれる処理方式です。

臭気も除去され水の味は改善されますが、非常に高価な設備でランニングコストも高くなります。また、活性炭ろ過の後に、なんらかのろ過装置を設けないと微生物が漏出することもあります。オゾンは非常に危険な薬品なので、オゾン処理の後には活性炭ろ過が不可欠といわれています。

ここまでのクラスのものは、水がまずい、とか変な臭いがする、などの苦情は発生しない良質な水道水を供給することができます。

最下位である九番目は、湖沼水や河川下流の水を原料とし、**凝集沈殿急速ろ過**をおこなったものです。

現在の河川下流部の浄水場の処理方式はこの方式になっています。緩速ろ過から凝集沈殿急速ろ過に転換したために水がまずくなっているのです。異

臭味の苦情が出たときには粉末活性炭を添加し臭気物質を吸着除去するなどの応急処置を施して対応しています。粉末活性炭は、驚くほど高価なものです。（1トン100万円程度です）

凝集沈殿急速ろ過処理は濁度は改善されますが、溶存有機物が除去できないために異臭味の苦情が絶えない浄水方法です。また、ろ過池から細菌類が漏出するので、塩素による消毒が欠かせません。

家庭の水道水の質を検討する

各家庭に届く水道水が優・良・可のどのグレードに該当するか知るために水の汲み置きをする方法があります。バケツなどに汲み置きした水が腐りやすいものは本性が劣りますから、塩素が無くなると腐敗が始まります。湧水で名水と呼ばれるものの多くは汲み置きしても腐りがたくグレードが高い水です。緩速ろ過した水は、微生物の栄養になる有機物が少ないので腐敗し難いのです。ペットボトル水と比較するとわかりやすいでしょう。

水の分析値で比較する場合は、旧基準なら過マンガン酸カリウム消費量で比較し、新基準ではTOCが利用できます。この数値が低いほど腐りにくい水です。

水道水源を検討する場合、おいしい水を届けるためには、次の順に検討すべきです。

① **地下水利用の可能性**

地下水は流入と利用のバランスをとれば、すぐれた自然界からの贈り物として利用ができます。地下水探査の技術も進歩しており、新たな水源の開発が可能となった事例も多数あるのです。

② **表流水を緩速ろ過で処理する方法**

ほとんどの原水は緩速ろ過で対応できます。臭いも難なく取れます。ここ

で諦めると後は非常に高価な方法しか残りません。
　最後の手段として、
③ 凝集沈澱急速ろ過の後にオゾンなどの強烈な酸化剤を用いる方法
　オゾンを用いなければ利用できない水源は、下水の放流水のような水質が極端に悪い「ひどい水」です。
　その場合でも、最終段階に生物処理を設けることは、人間にとっての安全を検証する手段、生物による"毒見"にもなります。

　複雑な処理法を採用するほど、まずくて高い水道水になるのです。安全な地下水を作る原理を応用した緩速ろ過を処理の中心に据えることにより、おいしくて、かつ安価な飲料水を供給する道が開けてきます。小規模水道にとって緩速ろ過は重要な技術なのです。

2　水源・取水方法を見直す

　高度成長期に地下水の大量取水が原因で地盤沈下を引き起こしました。そこで水道事業者は地下水を、安定取水できない水源とみなし、いっせいにダムに水源を求めました。

　現在は逆に、水道料金が高額になり、使用量が増すほど単価が上昇する水道料金制度のもとで、企業はコスト削減の一環として自己水源を確保するため地下水に転換する動きを見せています。

　地下水を水源とする水道の単価は、PART2で述べたように表流水を原水とする水道の半額以下です。安全保障上からも、水源の多様性を確保するうえからも、地域に存在する地下水資源の調査・把握は不可欠です。非常時の水源として対応できるように、日頃から検討を進めておくことが賢明です。

「緩速ろ過」という方法

　地下水は、ときとして鉄やマンガンを含み、そのままでは飲用に適さないものもありますが、薬品を用いずに鉄やマンガンを生物的に除去できる方法があります。緩速ろ過です。薬品を用いないので運転管理が容易で、それによって良質な水道水を供給できる可能性があります。

　浅井戸でクリプトスポリジウム指標菌（大腸菌や嫌気性芽胞菌）が検出される場合でも、緩速ろ過を設置すればおいしく安全な水が供給できます。

　また、河川から取水する場合にも、河床に集水埋設管を設置し、河原の礫や砂で一次ろ過したものを原水とすれば、濁質が少なく良好な原水が得られ、直接緩速ろ過による処理が可能になります。集水埋設管を注意深く設置すれば井戸水と同様な水質の水が得られ、伏流水として取水し消毒のみで給水できる場合もありうるのです。今後の水源として検討するに値する方法だと考えられます。

　ダム湖から直接、あるいは放流水を水源とする場合でも、集水埋設管を設置して取水する方法は異臭味除去の一次処理として有効です。ドイツでは国

際河川であるライン川を水源としているので、河川水を遊水池に汲み上げ、地下に人工的に浸透させて一次処理したものを水道原水とし、さらにさまざまな処理を施して供給しています。

　日本の河川は、明治のお雇い外国人の河川技術者デレーケが「滝だ」と言ったように急流であり、ヨーロッパの国際河川に比べて海に達するまでの時間が短いのが特徴です。降雨は一気に河川を流れ下り海に達してしまいます。そのため、利用の余地が小さいので、地下水を涵養する方法として水田に冬季も湛水して地下水の涵養をおこなう方法が考えられています（11ページ参照）。農業の多面的機能のひとつです。もちろん夏場の湛水も地下水の涵養に役立っていますが、休耕田が増えて、地下水の涵養能力が減少してきていると言われています。

　田への人工湛水によって、水道事業も地域おこし・コミュニティ再生の手段として生かすことができるのです。実際冬期に積極的に水田に湛水している地方自治体はすでに存在しています。秋田県の旧六郷町や福井県の大野市などです。

原水ランクが上なら水質分析費用は削減できる

　2005（平成17）年度から水道事業体は、どこも**水質検査計画**を立案して公開することが義務づけられました。これを利用して、自分が使っている水道はどのような水源水質であるか、浄水方法は何を採用しているか、水質は基準に対してどの程度余裕があるのか、などを知ることができます。

　分析の精度は技術の進歩にともない年々向上しており、これまで検出できなかったものまで検出できるようになっています。しかし、むやみに精度の桁数を上げても意味がありません。多量に存在すると人間にとって有害な物質でも、微量に存在することが人間にとっては必要不可欠な場合もあります。

　そのうえ、水道水質の安全性を確保するためとして、検査項目も増加の一

途をたどっています。水道事業体は毎年、「水質検査計画」を策定・公表し、需要者の意見を聞くことになっています。

　ところが、水質分析項目の増加は、小規模水道にとって頭の痛い問題となっています。水道料金では分析のための費用が賄えない小規模な水道が多数存在するのです。

　義務的な分析費用は以下のようになっています。

　１カ月に１回以上おこなう項目：９項目　約５千円×12回＝約６万円
　年４回以上おこなう項目：50項目　約25万円×４回＝約100万円

　このように年間の分析委託費用は100万円を超える高額なものになっています。分析機関が許可制から登録制に変更され、競争が働くようになったので料金は低下の傾向にありますが、分析費用は馬鹿になりません。給水量が1000m^3／日の浄水場で試算すると年間給水量は365000m^3であり、分析費用は約３円／m^3となります。この規模より小さい浄水場では負担はさらに大きくなり、100m^3／日程度の零細浄水場では、じつに30円／m^3に達します。国が小規模水道を広域水道に統合して、水源を一元化しようとしている理由のひとつになっているのです。

　一方で、分析の間隔を延ばすことができる優遇措置もあります。原水水質が良く、農薬などの心配がない優良な水源を用いている浄水場では、分析項目の省略が可能です。

　１カ月に１回以上おこなう項目：９項目　約５千円×12回＝約６万円
　省略不可で年４回以上おこなう項目：21項目　約５万円×４回＝約20万円
　３年に１回以上おこなう項目：50項目　約25万円÷３年＝約８万円

表6 おおむね1カ月に1回以上水質検査をおこなう項目

番号	定期検査項目
基準1	一般細菌
基準2	大腸菌
基準37	塩化物イオン
基準45	有機物（全有機炭素（TOC）量）
基準46	pH値
基準47	味
基準48	臭気
基準49	色度
基準50	濁度

表7 おおむね3カ月に1回以上水質検査をおこなう項目

番号	定期検査項目	番号	定期検査項目
基準3	カドミウム及びその化合物	基準18	テトラクロロエチレン
基準4	水銀及びその化合物	基準19	トリクロロエチレン
基準5	セレン及びその化合物	基準20	ベンゼン
基準6	鉛及びその化合物	基準31	亜鉛及びその化合物
基準7	ヒ素及びその化合物	基準32	アルミニウム及びその化合物
基準8	六価クロム化合物	基準33	鉄及びその化合物
基準10	硝酸性窒素及び亜硝酸性窒素	基準34	銅及びその化合物
基準11	フッ素及びその化合物	基準35	ナトリウム及びその化合物
基準12	ホウ素及びその化合物	基準36	マンガン及びその化合物
基準13	四塩化炭素	基準38	カルシウム,マグネシウム等（硬度）
基準14	1,4-ジオキサン	基準39	蒸発残留物
基準15	1,1-ジクロロエチレン	基準40	陰イオン界面活性剤
基準16	シス-1,2-ジクロロエチレン	基準43	非イオン界面活性剤
基準17	ジクロロメタン	基準44	フェノール類

　省略が可能な、もっとも良好な水質の場合には、年間約35万円となり、通常の水の1/3で済ますことができるのです。
　分析項目を一覧表にして示します（表6、7、8）。

　水質分析項目は、水源の状況、水処理法、資機材の使用状況、薬品の使用状況、過去の水質分析結果などにより増減する複雑な体系になっています。手引書を見ながらでないと計画策定が困難な状況です。

表8 | 条件によっては水質検査回数を減らすことができる項目

番号	定期検査項目	番号	定期検査項目
基準3	カドミウム及びその化合物	基準20	ベンゼン
基準4	水銀及びその化合物	基準25	臭素酸
基準5	セレン及びその化合物	基準31	亜鉛及びその化合物
基準6	鉛及びその化合物	基準32	アルミニウム及びその化合物
基準7	ヒ素及びその化合物	基準33	鉄及びその化合物
基準8	六価クロム化合物	基準34	銅及びその化合物
基準11	フッ素及びその化合物	基準35	ナトリウム及びその化合物
基準12	ホウ素及びその化合物	基準36	マンガン及びその化合物
基準13	四塩化炭素	基準38	カルシウム、マグネシウム等(硬度)
基準14	1,4-ジオキサン	基準39	蒸発残留物
基準15	1,1-ジクロロエチレン	基準40	陰イオン界面活性剤
基準16	シス-1,2-ジクロロエチレン	基準41	ジェオスミン
基準17	ジクロロメタン	基準42	2-メチルイソボルネオール
基準18	テトラクロロエチレン	基準43	非イオン界面活性剤
基準19	トリクロロエチレン	基準44	フェノール類

3 コスト・労力が少なくて済む浄水処理を

　浄水処理の流れを解説するとともに、それに必要となってくる設備やコストを検討してみます。

地下水利用の浄水処理

　良好な地下水に恵まれた地域で、井戸水を水道水源として給水する場合は、浄水操作が必要ないため非常に少ない労力で済み、設備もポンプだけで運用できます。職員1人当たりの配水量が多い水道事業体の場合のほとんどがこれに該当しています。

```
                   塩素
                    ↓
取水井戸（ポンプ） ⇨ 配水池 ⇨ 一般家庭
```

凝集沈澱急速ろ過法による浄水処理

　凝集沈澱急速ろ過法の場合には、原水の水質の変化に応じた薬品の種類の決定や注入率の変更が不可欠であり、高度に訓練された技術者でなければ良好な水質を維持することが困難です。

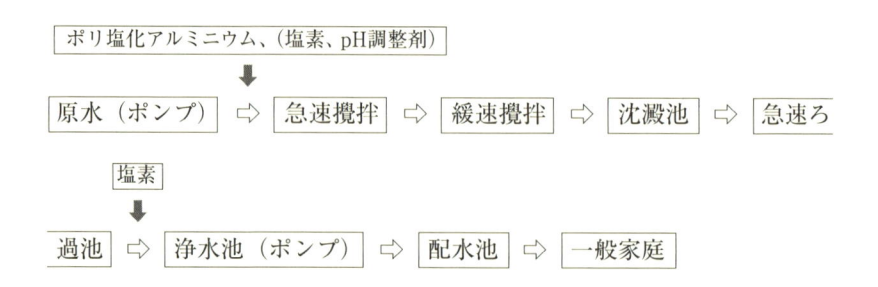

```
        ポリ塩化アルミニウム、(塩素、pH調整剤)
                    ↓
原水（ポンプ）⇨ 急速攪拌 ⇨ 緩速攪拌 ⇨ 沈澱池 ⇨ 急速ろ
    塩素
     ↓
過池 ⇨ 浄水池（ポンプ）⇨ 配水池 ⇨ 一般家庭
```

オゾン＋活性炭処理法による浄水の流れ

　高度処理と呼ばれるオゾン＋活性炭処理にいたっては、通常の技術者では対応が困難で、プラントメーカーの専門技術者でなければ維持管理が不可能です。

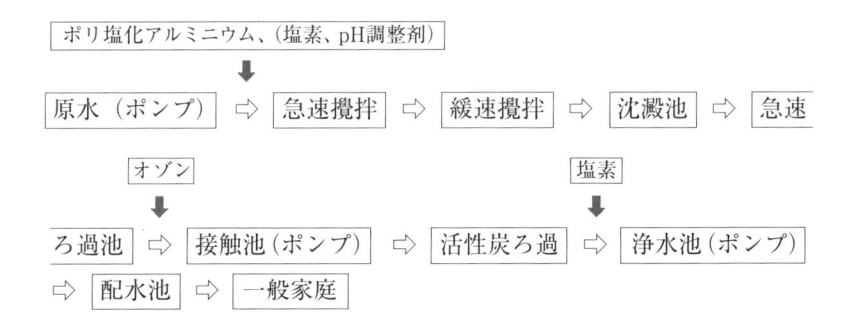

```
                  ポリ塩化アルミニウム、(塩素、pH調整剤)
                            ↓
    原水（ポンプ）⇨ 急速攪拌 ⇨ 緩速攪拌 ⇨ 沈澱池 ⇨ 急速
              オゾン                       塩素
               ↓                            ↓
    ろ過池 ⇨ 接触池（ポンプ）⇨ 活性炭ろ過 ⇨ 浄水池（ポンプ）
    ⇨ 配水池 ⇨ 一般家庭
```

膜ろ過法の場合の浄水の流れ

　膜ろ過処理の場合も、膜の薬品洗浄が不可欠であり、目詰まりした膜を再生工場に送るか、現地で再生処理をおこなう必要があります。そのために薬品洗浄設備を備えておく必要があり、その設備を運転して目詰まりを回復する技術は、膜メーカーに依存しなければなりません。

　お金さえ払えば受託してもらえるので面倒はないと言われていますが、その高額な設備投資と維持管理の費用を支払うかどうかを選択するのは、水道の利用者であるべきでしょう。

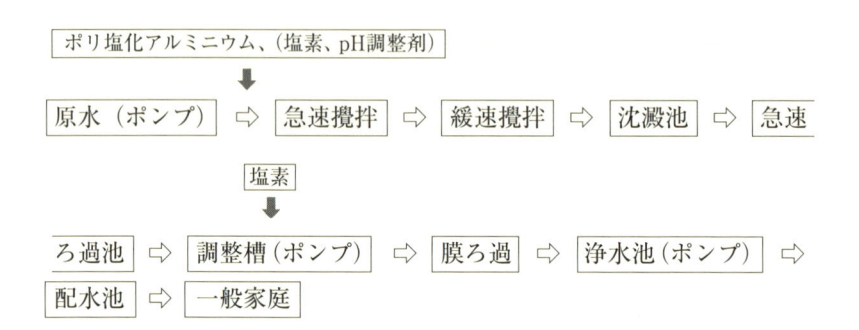

```
                    ポリ塩化アルミニウム、(塩素、pH調整剤)
                            ↓
原水(ポンプ) ⇨ 急速攪拌 ⇨ 緩速攪拌 ⇨ 沈澱池 ⇨ 急速
                    ↓
                    塩素
ろ過池 ⇨ 調整槽(ポンプ) ⇨ 膜ろ過 ⇨ 浄水池(ポンプ) ⇨
配水池 ⇨ 一般家庭
```

緩速ろ過法の場合の浄水の流れ

　民間企業の場合には、設備投資したお金を回収してしまった、つまり減価償却が済んだ設備をいかに長もちさせ、効率よく運用して利益を稼ぎ出すかを考えています。自動化して削減できる人件費と設備投資を天秤にかけて、設備投資の方針が決定するのです。

　鉄筋コンクリート槽と砂層で構成される緩速ろ過設備の場合には、特殊な機械を使用しないので、濁質対策をおこなえば、高度な専門家でなくとも維持管理が可能で、ほとんど手間もかかりません。年に1度の砂の削り取りは地元で対応可能なのです。

　降雨から地下水を作る仕組みを応用した浄水処理方法が「緩速ろ過」です。その歴史も200年以上あり、安全性が実証されています。

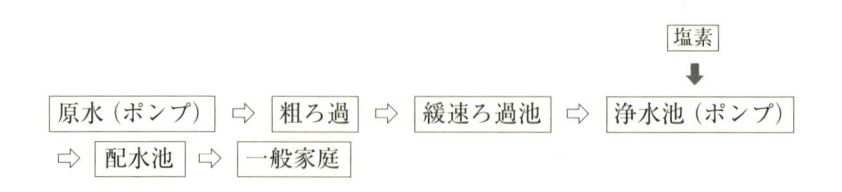

```
                                        塩素
                                        ↓
原水(ポンプ) ⇨ 粗ろ過 ⇨ 緩速ろ過池 ⇨ 浄水池(ポンプ)
⇨ 配水池 ⇨ 一般家庭
```

ただし「緩速ろ過」は濁質が多い原水には不向きなことから、濁質を主に除去できる「凝集沈殿急速ろ過」が流行しました。凝集沈殿急速ろ過は濁質は除去できるが溶存物質はほとんど除去できず、水質が悪化した（有機物などで汚れた）原水には対応できなくなってきたため、やむを得ず、オゾン＋生物活性炭処理を凝集沈澱急速ろ過の後段に付加して急場をしのいでいるのです。

濁質対策をおこなった緩速ろ過は、耐用年数も長く故障も少なく、100年の運用が可能です。コンクリート構造物の耐用年数を「地方公営企業法」の施行規則では60年と定めていますが、これを超えて継続使用が可能なのです。

緩速ろ過は、メーカーやコンサルタントにとっては**儲けが得にくい浄水設備の典型**です。コンクリート槽と砂層で構成された単純な構造で「安くて・丈夫で・長もち・出てくる商品（水道水）はおいしい」という申し分ない設備ですが、この設備には特許もなく、特殊な仕かけがありません。誰でも*設計でき、地元で施工可能なために主力商品として成り立たない水処理メーカーは販売をおこなっていません。かといって、地元の建設業者には設計能力がない。ということで、消費者にとっては喜ばしい設備であるにもかかわらず、儲からないのでメーカーにとっては販売に値しないものとされており、徐々にシェアを落としてきました。

近隣水道との共同管理案

市町村合併がさかんにおこなわれた結果、自治体の壁が低くなったり、なくなったりしています。水道事業は各自治体がおこなうことが基本とされています。そのため、自治体間で融通し合うことで経営・管理が合理化できる場合でも、議会の議決などを必要とし、国や県の変更認可が不可欠なためハ

*緩速ろ過は特殊な仕かけはないが、基本的に抑えておくべき事項は当然存在する。

ードルが高めになっています。

　そのハードルを超える手段として、広域水道化や合併、さらには民間委託の手法が考え出されたのです。水道法の改正は、民間委託よりも官―官委託を念頭に置いて、小規模水道が近隣の大規模水道に委託するためにひねり出されたようです。

　水質分析の分野では、小規模水道は分析機能を有する水道局に委託するケースと、民間の分析センターに委託するケースが見られ、官民の間で競争が起きており、分析の受託金額は大幅な値下がりを見せはじめています。

　分析以外の日常管理も、官民を問わず、競争のなかで委託に出すことにより効率化を図ることができるのではないかと推測されます。

　しかし、安心を確保するために民間委託に反対する声は大きく、根強いものがあります。むしろ、コミュニティー内の目に見える関係のなかで信頼を確保しつつ、共同管理をNPOなどでおこなうことが良いのではないかと考えるのです。

　もともと地方公営企業は、利益を出資者（株主）に配分する営利企業とは異なります。非営利のNPOとほぼ同じ性格を有しているということができます。地元で組織するNPOに専門家が参加する、あるいは専門家の組織であるNPOが参加することで、安心と信頼の下で水道事業を運営することが可能となるのではないでしょうか。アメリカで見られるように、官と民が入札で競合することがあっても、コスト競争力は明らかに、NPOを含めた民に軍配が上がると思うのですが、いかがでしょうか。

4　脱塩素水道へ

　防腐剤であり、毒物でもある塩素を用いなくても安全な水道水が供給できれば、「おいしくて安全」な水道水としてボトル水に負けないパフォーマンスを発揮できます。脱塩素水道への道すじを考えてみましょう。

低塩素化で末端の残留塩素を0.4mg/L以下にする

　水道法の範囲内で実効性のある方法は、末端での残留塩素がもっとも高い地点でも0.4mg/L以下に抑えるよう取り組むことです。

　残留塩素はコップで飲むときよりも、一番風呂に入ろうと風呂蓋をはぐったときにもっとも強く感じます。浴槽の蓋をとると塩素の臭いで気分が悪くなることがあります。そのような場合は、消費者として率直に水道局に注文をつけて改善を求めたほうがよいでしょう。

　浄水場からもっとも遠く、送り出されてから長時間かかって到達するもっとも条件の悪い給水栓からも、塩素は0.1mg/Lを確保する必要があります[*]。そのため、浄水場から送り出す新鮮な水道では、場合によっては1mg/Lというような高濃度な塩素を注入することもあります。この場合、浄水場に近い蛇口からは1mg/Lに近い残留塩素が検出され、「臭くて不味い」というレッテルを貼られます。残留塩素の最大値が法律で決められていないために、このようなことになるのです。防腐剤である**塩素の最大値の規制がないのはおかしい**と思いませんか？

　浄水場から送り出された新鮮な水が家庭に届くようにする、浄水場で高濃度の塩素を添加せずに残留塩素が減少する地点で追加する、などの企業努力がまずは求められます。

　そのためのいつかの手法を紹介しましょう。

---

[*]法規制では0.1mg/L以上となっており、最大値は決められていない。

[低塩素化のために1]　**有機物の削減**

　有機物を削減すると、浄水場で送り出した水道水の残留塩素が低下し消費されにくくなります。浄水場で添加する塩素の量を減らすことができるので、結果的には水の味が低下しにくくなります。

　浄水中の溶解性有機物が多いと味が悪くなります。従来は有機物の量を過マンガン酸カリウム消費量で表わしていましたが、今般の水質基準改正にともないTOC（全有機炭素）に変更されました。

　いずれにしても有機物が多い水はまずい水なのです。凝集沈澱急速ろ過では溶存有機物はほとんど除去できません。微量の異臭味物質が除去できないことからも類推できます。水質基準で過マンガン酸カリウム消費量は10mg/L以下、TOCは5 mg/L以下とされています。おいしい水の基準では過マンガン酸カリウム消費量の最大値を3 mg/Lとしています。

　有機物を削減できる処理法としては、「緩速ろ過処理」または「オゾン＋活性炭処理」しかありません。

　図13に緩速ろ過、急速ろ過で除去できるもの、できないものを示します。

　急速ろ過法に、さらにオゾン＋活性炭ろ過を追加すると溶存有機物、細菌などを除去できます。ただし、活性炭ろ過の後に砂ろ過などを設ける必要が生じる場合があります。微生物の漏出や、節足動物の排泄物の漏出が起きることがあるためです。

[低塩素化のために2]　**滞留時間の短縮**

　浄水場から家庭の蛇口に届くまでの時間を短くすることにより、浄水場の出口で添加する塩素の量を減らせます。しかし、これは広域化した水道にとっては困難な課題となります。浄水場と末端の蛇口の距離がさらに遠いからです。逆に、水源と家庭蛇口が近い小規模な水道にとっては対処がしやすい

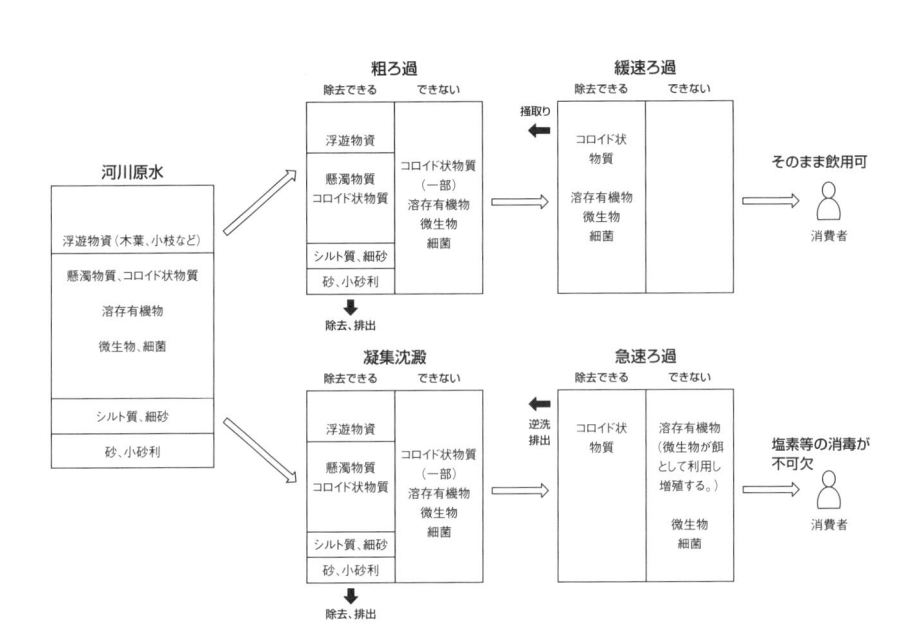

図13 | 緩速ろ過、急速ろ過で除去できるもの、できないもの

といえます。そのため、塩素の添加率を減らすことが可能になるのです。

以上は現行法律内で実行が容易な項目です。

無塩素化の試み

以下の方法を採用する場合は、法律の改正が必要になります。

最低の塩素注入量とする

浄水場の出口で無菌、無塩素で送出するためには、塩素注入を最低限にしなくてはなりません。浄水を送り出した後に細菌が増殖する恐れが小さいのは、緩速ろ過処理です。細菌の栄養分となる溶存有機物が少ないからです。

凝集沈澱急速ろ過法の場合は、溶存有機物が細菌の栄養源となるため、再

増殖を防ぐためにも残留塩素の存在が不可欠になります。

現在でも、未普及地域に水道が布設されると、まず「水道水はまずい」との声が上がります。ぎりぎりまで塩素添加量を下げ、家庭蛇口では検出されない状態で給水されることがあります。緩速ろ過なら問題が生じません。しかし、凝集沈殿急速ろ過の場合はリスクが格段に高くなります。これから未普及地区に水道施設を建設する場合には注意を要します。

無農薬野菜のような無塩素水道を

最近、消費量が急増しているヨーロッパのミネラルウォーターの規格では、塩素は当然添加されていません。天然の湧水をそのまま瓶詰めするので細菌が混入することも起こりえます。細菌は規制項目にはありません。ただし、水源の保全には万全の対策をおこなっているのです。

当然、私たちの生活環境である空気中にも細菌が浮遊しています。空気の清浄度の基準を見てみましょう。日本薬学会協定衛生試験法における衛生化学的標準として表9に示す数値が挙げられています。優の判定であるA区分においても5分間にシャーレ上に落下する細菌のコロニー数を29以下としています。学校保健法の学校環境衛生基準の場合はやや厳しいのですが、それでも5分間の落下細菌コロニー数を10以下が望ましい、としています。

私たちの身の回りでは、無菌の状態が異常なのです。農薬漬けの野菜には虫食いの跡がまったくありません。賢明な消費者はそのことに気づき、無農薬野菜を求める動きが出てきています。次は、水道水に無農薬野菜と同じように無塩素水道を求める番です。

私たちは漠然と「無菌」という言葉を使っていますが、細菌をなくすという行為については、金子光美『水質衛生学』(技報堂出版)によると、衛生学上、以下のように定義されています。

表9 | 日本薬学会協定試験法における衛生化学標準

集落数(シャーレ当たり)	成績表示区分
< 29	A
30 ～ 74	B
75 ～ 149	C
150 ～ 299	D
300 以上	E

消毒：病原性微生物と考えられるものの感染力をなくすこと。水道における塩素消毒がこれに相当する。

滅菌：微生物の生活力を物理的または化学的手段で奪うか、フィルタなどで除去して、生きている微生物を完全になくすこと。微生物が病原性か、そうでないかは問わない。細菌検査のための準備としておこなう器具や培地の滅菌がその例である。フィルタで除く場合を「除菌」として区別する場合がある。

除菌：所定の安定度を確保する目的で、微生物を移動し、あるいは水や空気の媒体だけを移動して微生物を除くことで、生活力を奪うものではない。沈澱、ろ過等がこれに相当する。

殺菌：微生物の生活力をなくすこと。滅菌、除菌の場合と同様に「菌」は微生物一般を指し、芽胞、かび類、ウイルス等を含めるが、厳密にいうときは「不活性化」という。活性を奪うことと「死」とは必ずしも同一でなく、検査技術上からみて必ずしも死にいたらしめているか確認はできず、生活力はなくなっても死んでいない場合がある。ときには再活性化する場合がある。

防腐：微生物の発育を抑え、目的の「もの」の変化を防ぐこと。食品の変敗を防ぐために防腐剤を添加するのがその例である。

水の消毒の場合、とくに水道水の場合は、病原微生物が存在しているかどうかもわからず、むしろ存在する確率が低い水に対して操作し、しかも消毒剤を残留させる。「消毒」というより「予防」という性格が強く、病原性微生物のみならず質的変化を防いでいるという意味で「防腐」的使用という面

もある。

　緩速ろ過法や、オゾン＋活性炭処理法の採用により、先に述べた微生物が利用可能な溶存有機物を削減することで変敗を防ぐことが可能なので、防腐剤としての塩素の添加は、添加量の削減から無残留の方向への道すじが見えてきます。

　無塩素は現行の法律では許されていないので、少なくとも「特区」の申請が必要となります。特区の申請が受理される可能性は次の理由できわめて低いと予測されますが、おいしい水道水を模索するなら、この道すじで進むほかにはなさそうです。

　特区が受理されないと考えられる理由として、特区で成功したら全国に広めるという特区の目的があるからです。凝集沈澱急速ろ過の処理法を採用している処理場の場合には緩速ろ過かオゾン＋活性炭を、その後段に緩速ろ過を付加する必要が出てきます。このことは、凝集沈澱急速ろ過の採用が最適な選択ではなかったことを認めることになるので、もっとも大きい抵抗を生み出すと考えられるからです。

　しかし、このような障害があっても、小規模な水道において緩速ろ過法で浄水処理をおこない、浄水場の出口で、末端の蛇口では検出されない程度の少量の塩素を添加することからスタートすることで、おいしい安全な水道水を供給する「地域水道」として生き残れる可能性をみいだすことができます。「飲料水供給施設より始めよ！」ではないでしょうか。

　無塩素水道への道は、さまざまな工夫が可能で、需要者と一体となり地方自治によって進めることが考えられます。小規模な水道においてこそ歩み始めることができるのです。

　小規模水道には開拓者としての役目が求められており、自分たちの住んでいる地域の水道として誇りをもって歩みはじめることができるのです。

PART4
NPO水道への道

1　自前のプロ、セミプロを地域で育てる

　地域水道が置かれている現状は千差万別です。
　営利企業に委託するよりも、地域の人材をNPOとして組織化し、地元固有の資源であり資産である水道を守っていくことが、雇用も生み出し地域おこしにつながることもあります。
　かつて、日本の農村のどこにもあった「ゆい（結）」「もやい」「講」という伝統的な互助組織から水道事業を眺めてみることにしましょう。

　少し前の時代の地域社会では、「川浚（さらえ）」「井戸浚」「道普請」は地域住民の共同作業でした。氏神様の社の修繕も、氏子の労力と資金で賄われています。小規模なものは「字（あざ）」で、大規模なものは「大字」で取り組んだことが住所として残っています。明治期には、尋常小学校の建設を地域共同体の資金で賄いました。そういう地域の歴史をふまえると、市町村合併にともない由緒ある地名が消滅することはまことに残念なことです。
　では、「ゆい」的な発想の水道普請とは、どんなものでしょうか。
　水道事業に地域ボランティアの出番をつくりNPOとして取り組む方法や、水道料金を地域通貨で受け取るなどのアイディアも生まれてきます。戦後になって、かつては、**地域の協働**でおこなってきた作業を次々と行政に預け、いまではそのほとんどを預け放しにしています。今度は自分たちの手に取り戻し、バランスの取れた地域社会を作る時代が迫ってきたのです。
　市町村合併をしなければ予算も組めないという状況が、コミュニティーが福祉などの相互扶助システムを受けもつ割合が今後増加することを証明しています。総務省も自治会に行政の一部を委託することを検討すると報じられています。
　小規模な水道こそが、地域での自治運営の可能性をより秘めています。住民の命の水である水道は自分たちで守るという原点に帰る絶好のチャンスが到来しているのです。

表10 | 自治会等組合営水道数

1位	熊本県	１０７
2位	秋田県	９６
3位	鹿児島県	７９
4位	茨城県	５４
5位	新潟県	４６
6位	福井県	４４
7位	佐賀県	４３
8位	大分県	４２
9位	石川県	４１
10位	静岡県	３６

　一般に、NPOを設立し運営するうえで欠かせない要素として、「Mission（使命）」「Passion（情熱）」「Vision（ヴィジョン）」が挙げられます。　自分たちの地域は自分たちの手で守るという「使命」と「情熱」。　こんな地域にして、子孫に受け渡していくのだという「ヴィジョン」。これらを、地域を突き動かす原動力として、地域おこしをしていくのです。

　水道事業のような専門処理システムは、ややもすると、次のような欠点を内包しています。

❶専門的すぎて、水道の仕組みがわからないことによる無関心
❷業務内容が見えにくいことによる不信感

　それを乗り越えるために専門処理屋としての水道事業から、相互扶助システムとしての協働作業へと方向転換する際の主役としてNPOが有力になってきます。
　これまでの日本社会の都市化は自前で処理することから専門処理業へ委託する流れを作ってきましたが、これからはコミュニティー再生の一環として水道事業を位置づけることで社会の可能性が広がってきます。
　実際に、自治会組織で簡易水道を維持しているところが存在しています。

2001（平成13）年度には843（9.5％）の簡易水道が自治会組織で運営されています。ちなみに、自治会等組合営水道が多い都道府県を表10に示します。また、自治会等組合営水道がひとつも存在しない都道府県は11都道府県あります（平成13年度簡易水道統計）。

2　「2007年問題」を活用する

　全国で水道事業が急激に拡張を続けていた1960（昭和40）年代に、職員として大量に採用されたいわゆる団塊の世代の人たちが、2007年に定年を迎えます（俗に「2007年問題」といわれる）。水道事業の創設にかかわった人たちは、水道施設の建設から維持管理までのさまざまな幅広い体験を有しています。

　しかしながら、時代の流れのなかで、初めは配管施工現場業務、次は設計業務と、順次、外部委託に移し水道事業をスリム化してきた結果、これらの業務を担う若手の新規採用が減少し、世代間の技術継承が円滑におこなわれない状況となってしまいました。

　そこで、技術を保有する技術職員を退職後も有効活用できるよう（社）日本水道協会、（財）水道技術研究センターなどが、民間資格として「水道施設管理技士」制度を発足させました。この制度のねらいは、改正水道法で創設された、第三者委託の受け皿となる会社の技術力を評価するのが主目的です。中央主導で始まった改革ではありますが、民間や消費者の視点からの発想がなければ、たんに新たな資格を設け、組織の収入源を確保しようとしている、と批判されて終わってしまう可能性が高いのです。

　受託する営利企業、NPOのほかにも、水道事業の外部監査をおこなうためのNPOの登場も考えられます。会計上の監査とともに、消費者に向け、技術的な観点からの監査・情報公開も必要になります。現在は自治体の監査委員がおこなっている仕事ですが、情報開示の観点から問題があり、自治体の監査委員とともに監査に参加するNPOを育成する必要もでてきます。

　小規模水道では、24時間・365日勤務（緊急対応のため）という厳しい労働環境のため、定年後は水道事業にかかわりたくないという人もたしかにいます。しかし、水道技術研究センターが創設した2004（平成16）年度水道施設管理技士試験への応募状況を見ると、講習のみで資格が取れる3級の場合は、水道事業体から2940人、民間企業から5611人と、民間の参入意欲の高さ

表11 | 2003(平成16)年度末水道施設管理技士有資格者数

1級浄水	233	1級管路	70
2級浄水	333	2級管路	145
3級浄水	4,732	3級管路	3,342

が認められます。なお、水道事業体の関係者は全体で7万人といわれています。それぞれの区分の有資格者数を表11に示します。

資格取得には水道事業体での2年間の実務経験が要求されますが、民間企業は試運転やメンテナンスを通じてそのハードルを越えようとしています。官の事業が民に移されることによって利益の創出が可能、との判断が民間企業に働いたためと考えられます。

3　地域水道運営のためのNPO

　東京都の練馬区には、現在でも地下水を利用した組合営の水道が13組合存在しています。いずれも非営利組織です。NPO法の趣旨では、会員の入会に特殊な条件を設けてはならないことになっていますが、この例はNPO水道成立の可能性を示唆しています。営利企業のみでなくNPOも、水道事業委託の受け皿として存在できるのではないでしょうか。

　また、日本には水道の消費者としての声をまとめる組織が存在していません。一般消費者団体は存在しますが、水道事業についての情報公開が不十分なために、何が問題なのか一般には理解されていないようです。にもかかわらず、消費者運動が存在していないのは不思議というほかありません。

　NPOは、消費者を代表して水道局に声を届ける役目があるのです。アマチュアの住民が専門家である水道局と話し合いをおこなうためには、住民の視点で住民の援助ができる「水道の経営から浄水、配水の技術にいたる」専門家によるサポートが不可欠でしょう。その役割を担うNPOが必要なのです。

　今後の人口減少下の社会では、社会資本の整備にかける資金に限りがあります。「わがまちの水道」をどうしていくのか、多くの選択肢を有する長期計画を立案し、情報公開により、優先する事業を選択する必要があります。優先度が低い施設は老朽化して使用不能になったら撤去することになるかもしれません。老朽化して使用不能のまま放置するかどうかは、水道職員の判断のみでなく、公正に技術的判断ができるしかるべき組織に委託することが望ましいでしょう。シンクタンクとして住民サイドに立てるNPOに、です。

　社会資本投資は、もはやムダが許される時代ではなくなっています。緩速ろ過システムのような、**儲からないけれども有用な技術**を広め維持していくことも、NPOの大事な役目のひとつになります。

　地元での事業を創出することができるという面からも、地域のインフラとしての水道事業を中央の水処理プラントメーカーや大手コンサルタントの仕

事ではなく、地元の人材を活用したNPOがおこなうことが望ましいのではないでしょうか。複雑で高度な水処理は、大都市下流の汚染された河川水を利用する場合には必要になるでしょうが、良質な水源に恵まれた小規模な地域水道は、浄水設備として「緩速ろ過」を採用すればいいことずくめです。水のおいしさや維持管理の易しさ、100年もつ設備であるなどの特徴から、地元で維持管理ができるし、建設にあたっても鉄筋コンクリートの槽と砂層が主体であり、複雑な機械設備も必要としないので、資材から施工まで地元ですべてを賄うことが可能なのです。

日本水道協会を補完するNPO

(社)日本水道協会は、明治期の日本に近代水道が誕生した時点において、水道事業体が情報交換のために設立した組織であり、100年の歴史を有します。正会員は水道事業体であり、賛助会員は水道事業に関連するメーカーやコンサルタントで構成されています。ほかの多くの学会と異なり、研究発表会での聴講も、会員でなければ参加できない仕組みがまだ残されています。地方支部の場合は正会員のみに限定される場合もあります。

　その日本水道協会も、日本の水道事業の現状に危機感をもっているようです。しかし、組織の歴史が古く、急激な転換を阻んでいるようにも見受けられます。正会員は水道事業体であり、賛助会員は水道関係のメーカー、コンサルタントなので、自分たちの不利益になることには当然消極的です。水道事業体のなかには、市議会の承認を得て予算を実行する現状のままの体制が望ましいと考えているところがあります。

　しかし、利権とムダの多い官主導の補完組織のままではうまく機能しない時代になってきました。地元からわき起こる自発的な「水道を守ろう」という流れに沿い、入退会が自由な開かれた組織を別に立ち上げる必要があるようです。

水道施設管理技士の組織化も、日本水道協会や水道技術研究センターのみでなく、新たにNPO組織が分担する役割を作ればもっと有効に機能するのではないでしょうか。ただし、NPOを日本水道協会の下部組織と位置づけるならば、従来の流れを変えることは難しいでしょう。

　水道界が「民間とのパートナーシップ」という場合は、まず民間企業が念頭にあるのです。住民（顧客）とのパートナーシップを実現するためには、新たな組織によるほうが望ましいのです。アウトサイダーを組織化し、旧来の組織と対比することで、より鮮明に問題点が明らかになってきます。

業務指標（PI）の導入とNPO

　水道協会規格の業務指標としてJWWA Q100が採用されました。この指標を用いて情報開示に取り組むNPOにより、水道界は劇的に変化することが考えられます。

　「あなたの（私の）まちの水道は何点ですか？」「合格点に達していますか？」「不得意な分野はなんですか？」「得意な分野はなんですか？」これらに数値で答えるのが業務指標なのです。これまで、「地方公営企業年鑑」で公表されてきた数値や水質年報、業務年報などが入手可能であれば、同様な手法により「わがまちの水道の通信簿」が作成できました。「地方公営企業年鑑」という書物が存在することは、おそらく99.9％の人はご存じないと思います。県立図書館でさえ、蔵書にないところがあるくらいですから。このたびISOの関連でPIが制定され、住民から成績の開示を求めることができる時代をやっと迎えたのです。

　一方、阪神・淡路　大震災を契機に誕生したNPO法案は、市民の自発的活動を支援する仕組みを法律により担保しました。はじめは福祉関係のNPO法人が目立ちましたが、最近はさまざまなNPOが設立されています。水道関係のNPOも設立されています（地下水利用技術センター、PSI研究

会など)。特定非営利活動促進法の第2条で該当する活動が定義され、その定義も広く解釈されることになっているからです。

そのなかで地域水道のためのNPOの活動として、次のような項目が設立の目的に適うものとして考えられます。

＊まちづくりの活動
わがまちの水道を考えることによる「まちづくり」が可能でしょう。
わがまちの水道を維持することに労力などを提供する「ゆい」のような相互扶助NPO活動が考えらます。現代の「ゆい」は地域通貨が担うことができ、金額に換算できない活動を支援することにあります。

＊環境の保全を図る活動
水道水源としての湧水を守る活動や河川流域の環境保全を図る活動、地下水の保全を図る活動など多様な展開が可能でしょう。

＊国際協力の活動
「上総掘り」などで海外に展開しているNGOが、すでに多数存在しています。緩速ろ過施設の技術移転などによる海外援助やヒ素問題に取り組んでいるNGOなどもあります。
営利事業としてはヨーロッパに一歩遅れをとったとしても、この分野では互角に戦いたいものです。

＊科学技術の振興を図る活動
小規模水道に有用な技術を蓄積し、文化や技術を伝承する役割を担う活動は将来的には大切な分野になります。

＊経済活動の活性化を図る活動
地元中心に水道事業をまわすことが可能で、地域経済に寄与することができます。水道事業の地産地消は、小規模水道ならではのものです。

＊職業能力開発または雇用機会の拡充を支援する活動

「緩速ろ過・小規模水道学校」のような形態の出張授業などを全国的に展開し、地元雇用の機会と能力の向上を支援することができます。

＊消費者の保護を図る活動

水道の消費者としては、個人・家庭の消費者のみでなく、水道経営の根幹を維持している大口需要者の存在も忘れてはならないのです。料金体系が逓増制となっているために大口需要者の水道ばなれが始まっています。

一般市民と大口需要者の利害の調整の過程で消費者の利益をいかに守るか、いかに低コストで水道水を供給するか、合意形成のための活動分野もあると考えます。

＊NPOの運営または活動に関する連絡、助言または援助の活動

水道関係のNPOを援助支援する活動をおこなうためには、水道事業体の利益代表である日本水道協会とは別に、消費者を代表するNPOを支援する組織があったほうが良いでしょう。

このようにNPO活動を通じて地域水道の再構築を進めることができ、その影響範囲も広範にわたります。

このようなNPO活動は、「水道一家」と呼ばれる強固な組織の外壁を融解すると考えられます。既存の「水道一家」に属さないメーカー、大学、コンサルタント、消費者などが外部から「物申す」状態が作れるからです。

浪費なき成長の時代にふさわしい、新たな水道にかかわる柔らかな連合組織が形成されるのではないでしょうか。

図14に新たな水道にかかわる組織の概念を示します。

図14 | 新たな水道にかかわる組織の概念

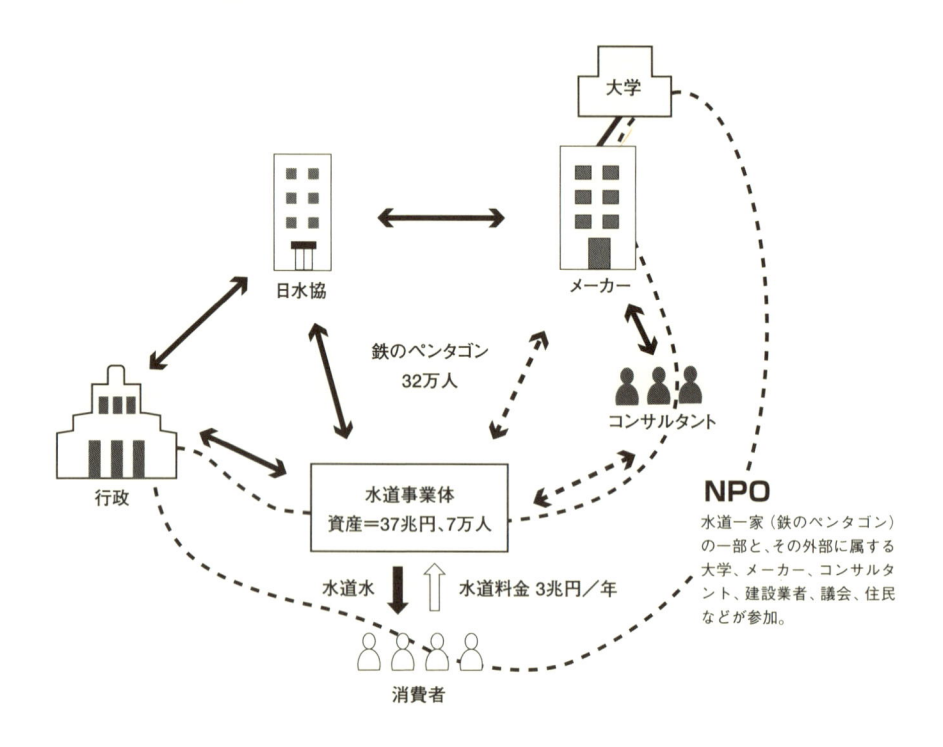

鉄のペンタゴン
32万人

日水協

メーカー

大学

コンサルタント

行政

水道事業体
資産＝37兆円、7万人

水道水　水道料金 3兆円／年

消費者

NPO
水道一家（鉄のペンタゴン）の一部と、その外部に属する大学、メーカー、コンサルタント、建設業者、議会、住民などが参加。

PART5
安くて、おいしい水は可能だ！
〜技術実践編

1　小さな技術のススメ

地下水利用のススメ

　日本の簡易水道事業における水源種別の変化を1965（昭和40）年と2001（平成13）年で見ると（図15）、「湧水その他」に依存する割合が大きく減少してきています。

　1965年の統計には水量が取り上げられていないので、2001年のみの実績水源別取水量を示します（図16）。水源数と取水量は、ほぼ比例しているものとみなすことができます。

　上水道の水量割合（図17）に比べて、地下水に依存する割合が大きいことがわかります。小規模水道の場合は地下水の利用が優先的に検討されていることを示しています。

　簡易水道に比べて規模が大きい上水道の場合には、右肩上がりの高度成長路線から安定成長路線に経済の枠組みが転換することにともない、ダムの過剰開発による水あまり現象を引き起こし、余剰なダム水を販売するために地下水の放棄を迫られる事態にいたっています。

　地盤沈下対策としての、地下水揚水規制の強化や産業構造の変化にともない、都市部における工業用水の揚水量が減少し、地下水位は回復してきています。東京においても地下水位の上昇により、JR京葉線地下ホーム浮き上がり防止のための工事が必要になったことが報道されています。JRが地下の湧水を小河川に放流し、河川の環境が大きく改善したことも知られています。

　地下水の揚水制限にともなう水位の回復状況を図18に示します。一度沈下した地盤は元には戻りませんが、地下水位は着実に回復していることが読み取れます。この図から、おおむね11000m^3／日がバランス水量ではないかと言われています。

図15 | 簡易水道水源数の変化

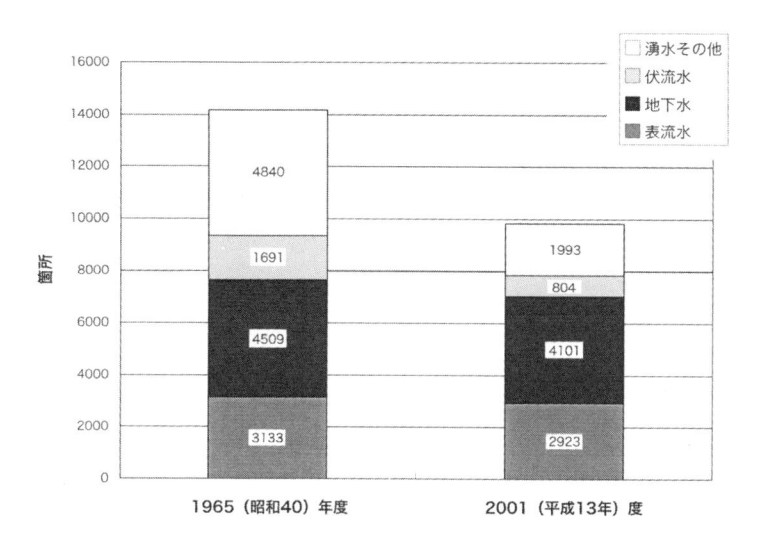

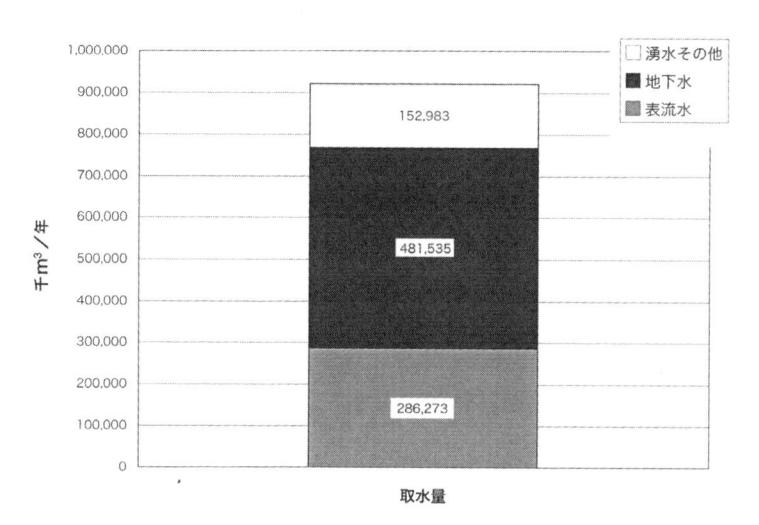

凡例：
- 湧水その他
- 伏流水
- 地下水
- 表流水

1965（昭和40）年度:
- 湧水その他: 4840
- 伏流水: 1691
- 地下水: 4509
- 表流水: 3133

2001（平成13年）度:
- 湧水その他: 1993
- 伏流水: 804
- 地下水: 4101
- 表流水: 2923

縦軸：箇所

図16 | 2001（平成13）年における水源別取水量

凡例：
- 湧水その他
- 地下水
- 表流水

- 湧水その他: 152,983
- 地下水: 481,535
- 表流水: 286,273

縦軸：千m³/年
横軸：取水量

図17 | 上水道における水源別取水量の変化

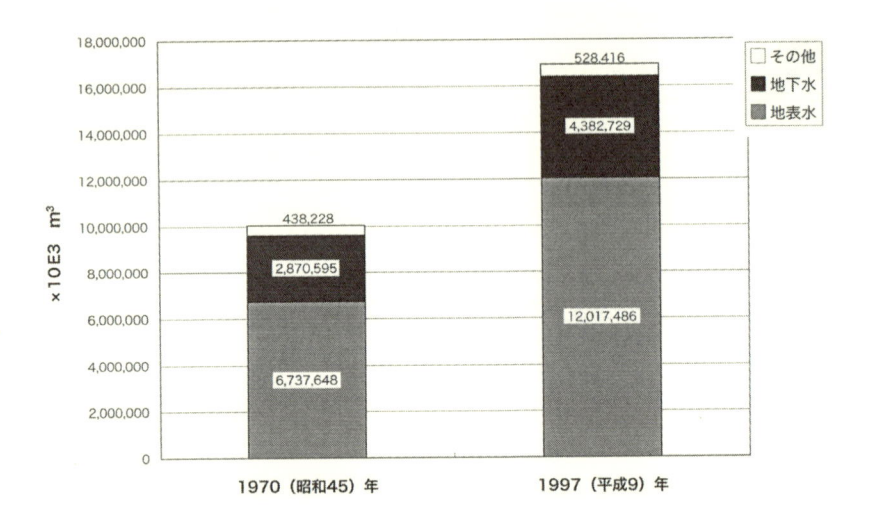

図18 | 練馬区内の揚水量と地下水位の関係

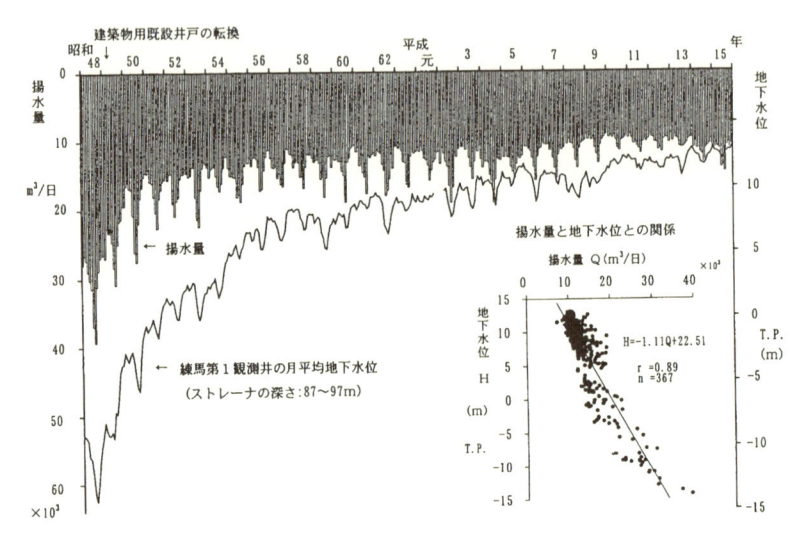

（縛正弘 2004 より）

地下水を水源とする水道の原価はおおむね30円／m³程度ですが、ダムを水源とした水道の原価は200円／m³に達します。原価のみでなく、ダム水は異臭味の原因であるアオコが繁殖するので、高度浄水処理設備（オゾン＋活性炭処理）などを必要とするのです。

　節水意識が浸透した結果として、給水量は横ばいから、さらに減少の傾向に変化しており、水道事業経営が困難になるなかで、大口需要者が水道の高料金から逃れるために地下水に水源を求め、専用水道として自立する動きが全国に広まっているのは先に述べた通りです。

　地下水はダムや河川水に比べて、今でも良好な水質を保っており、**安価で美味な水道水源**としての価値を失ってはいません。とはいえ地下水も、有機溶剤による汚染や、肥料などを原因とする硝酸性窒素汚染や地質に起因するヒ素、鉄、マンガン、アンモニアなど飲料に適さない場合ももちろんあります。しかし、基本的には濁質が少なく、河川表流水に比べて処理が容易であり、鉄・マンガンなどは微生物による安全な処理法を利用することができるのです。

　高度成長期には地下水は不安定水源であるとして、ダム水源に転換するような施策がとられ、良質な地下水が取水できる可能性があるにもかかわらず、ダム水に水源を求めてきました。高料金であるダム水を見放し、地下水に水源を求める動きが民間から出てくるのは当然の結果ということもできます。

　これからの持続可能な発展を模索する時代においては、**地下水に対する再評価**が必要になります。地下水の涵養量を把握し、供給可能量に見合った消費を図れば、地下水はもっともすぐれた水源です。また、地下水涵養も人為的におこなうことで使用可能量を増やすことも可能です。水田を地下水涵養のための浸透装置として考え、冬場も湛水し地下水を涵養する施策も選択肢として有力なのです。著名な例では、福井県大野市や秋田県旧六郷町（新美郷町）などが冬期淡水をおこなっています。水道水源以外にも道路の融雪の

熱源としての地下水の価値は高いのですが、融雪のためには地熱を利用する方法が開発されており、地下水は飲料用に優先的に用いるなど、地下水資源の枯渇対策も考えなくてはなりません。

安価な基本仕様の浄水設備でも大丈夫

　急速ろ過でも緩速ろ過でも、基本的技術は長い歴史を経て熟成しており、長所・短所も明らかになってきています。

　水処理メーカーはさまざまな工夫を凝らし、最新技術として差別化を図ろうとしていますが、意図したほどに革新的ですばらしい技術は見当たりません。基本的技術で設計すると、相当安価に施設の建設が可能になるのです。

　言い換えれば、誰にでも設計ができるということは、設計においても建設においても競争が働き、コストの削減が可能となるということ。逆にこのことは、水処理メーカーの儲けがなく、水処理メーカーの協力を得ることができないことになります。

　日本の場合、新技術は水処理メーカーに蓄積されていますが、基本的な技術を系統的に蓄積しているパートが水道界のなかで見当たらないことが、最大の問題です。このことが、メーカー主導の施設設計にならざるを得ない原因のひとつとなっているのです。

　日本の水道界はヨーロッパと異なり、旧厚生省、水道事業体、水処理メーカー、コンサルタント、日本水道協会のペンタゴン（五角形）が強固な結束のもとに推進してきました。そのため、日本を代表する水処理メーカーにも、水道事業（経営まで含める）のノウハウが集中的に集積されるということがなかったのです。

　ヨーロッパ（とくにフランス）の場合は、国家戦略として民間企業の育成を図ったために、ノウハウが一元化され、世界の上水道事業を席巻する状況にあります。

そのため日本のメーカーが海外進出を図る場合には総合力がなく、ヨーロッパの巨大民間水道事業体に太刀打ちできない状況に陥っているのです。唯一外国資本と互角に戦える可能性をもつのは5000人の職員を抱える「東京都水道局」のみといっても過言ではないでしょう。水道事業経営が民営化まで進んだ時点ではじめて、外国企業と渡り合える民間企業が出現する可能性が出てくるのではないかと考えています。

　ヨーロッパや中国の場合、日本と異なり河川は延長が長く、下水放流水を上水道の水源として再度用いなければならない状況です。一気に流れ下る日本の河川を水源とする日本の水道に比べ、ヨーロッパは格段に不利なのです。ヨーロッパの河川は勾配もゆるく、いくつもの国を経て海に到達します。河川表流水を直接浄化すると考えるより、地下水として涵養しその地下水を揚水し、浄水処理を施す思想をもっているようです。「瑞穂の国」と呼ばれる日本の水道事情は世界的に見れば特殊で、恵まれているといえます。

　戦後占領統治にあたったアメリカの浄水処理方法である急速ろ過法を受け入れざるを得なかったことは、ダム水を水源として使用している今日にいたって考えれば不幸なことだったといえます。

2 緩速ろ過のメリット

化学薬品いらず、微生物の浄化力とは？

　地下水と同等な仕組みを用いて飲料水を作る方法が「緩速ろ過」法です。日本には古来より酵母などを上手に利用して付加価値が高い発酵食品を作る技術が発達してきました。それは、清酒・焼酎であり、味噌・醤油、納豆・漬物などの日常の食生活に欠かせない数々のものです。

　清酒の作り方に「生もと造り」と呼ばれる方法があります。これは蔵つきの酵母を用いて雑菌の繁殖を上手に抑えながら、複数の微生物の相互作用をうまく利用して酵母を増やす方法です。杜氏は長い経験により微生物の遷移をうまく利用する術を身につけ、伝統として保持してきたのです。

　また、清酒の貯蔵中に白濁する「火落ち」と呼ばれる腐敗現象を防ぐために、出来上がった清酒を60℃程度に低温加温し、白濁の原因となる微生物の増殖を抑える技術を室町時代から用いてきたと言われています。

　19世紀にパスツールがワインの腐敗を防ぐ方法として低温殺菌法を開発しましたが、明治の文明開化にともない日本に迎えられた外国人学者が、それよりも300年も前から日本でこの技術を用いていることに驚嘆したと伝えられています。

　同様に、清浄な飲料水を作るために明治期に導入された緩速ろ過方式は、微生物の力を用いて浄水処理するすぐれた方式なのです。

　第二次大戦後、開発され導入が進んだ急速ろ過法の場合には、凝集剤と呼ばれる化学薬品である硫酸バンドやPAC（ポリ塩化アルミニウム）やポリシリカ鉄を添加し、濁りを固めて沈殿させた後、上澄みをろ過する必要がありました。

　急速ろ過が開発された当時から、ろ過水に大量の細菌類が漏出することが問題となっていました。そこで、ろ過水に塩素ガスを注入して殺菌することで細菌類の漏出の欠点を克服しようとしました。したがって、急速ろ過では

凝集剤と塩素ガスの使用が不可欠であり、塩素の添加が法律（水道法）で義務づけられることになったのです。末端の蛇口でも塩素が検出される、つまり**防腐剤入りの水道水**を供給しつづけているのです。また、最適な凝集条件を維持するために硫酸や苛性ソーダなどでpH調整をおこなう必要がある場合があり、高度な管理技術も要求されてしまいます。

一般細菌は塩素を添加しなくとも除去できる

　飲料水中の一般細菌は、コッホがコレラ菌を発見した時代に、100個／mL以下ならばコレラやチフスが発生しない、という経験則にもとづいて基準となったもので、現在の飲料水の水質基準にも採用されています。当時の浄水処理法はすべて緩速ろ過方式でしたが、この基準を満足していました。

　近代水道が緩速ろ過浄水施設とともに明治期に導入された頃、さかんに研究がおこなわれており、先人の業績が残されています。岡山市水道局は2005（平成17）年に創設100周年を迎えましたが、創設時の三野浄水場では、100年前の緩速ろ過池が現役で稼動しています。

　以下に当時の一般細菌の研究成果を紹介し、忘れ去られようとしている緩速ろ過技術の発掘を試みました。当時の水道事業にかかわる技術者の熱意が伝わってくる文章です（カタカナをひらがなに改めています）。

研究報告１　「ろ過池除泥前後における濾水の細菌数の消長ならびにろ過効力に関する第１回報告（1912）」

> 「本池は明治44年６月29日通水使用後90日を経過し９月28日に至りろ過効力に何等異常を認めざりしも速度減殺され殆どろ過不能となりたるをもって表面汚泥を削除し、10月１日掃除作業を終わり同日午後５時よりろ過を開始した。而してろか休止日数４日間」

図19｜緩速ろ過による細菌数の減少（砂掻きに3日間を費やした場合）

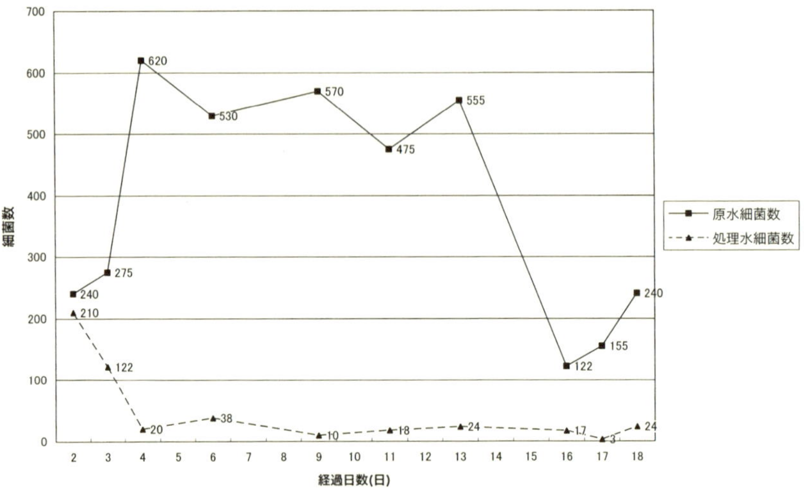
700
600
500
400
300
200
100
0
細菌数
620
570
530
555
475
275
240
240
210
122
155
122
20
38
10
18
24
17
3
24
2 3 4 5 6 7 8 9 10 11 12 13 14 15 16 17 18
経過日数(日)
原水細菌数
処理水細菌数

ろ過再開丸２日経過後には処理水中の細菌数は20まで低下し、以後安定して経過していることがわかります（図19）。

また、一般細菌は緩速ろ過の生物ろ過効果により伝染病の恐れがない状態にまで除去できます。

病原性微生物の除去に対して、緩速ろ過が有効であることを示すもっとも有名な例として古くから上水道の技術者向けの教科書に掲載されている、19世紀末（1892年）のハンブルグとアルトナにおけるコレラの流行を見てみましょう（図20）。

ハンブルグとアルトナはエルベ川の河口の街で、行政区域の境は水路（A〜B）で区切られています。ハンブルグではエルベ川の水を汲み上げ沈澱処理したものをそのまま給水し、アルトナではハンブルグの下流８マイル（約12km）の地点で取水していましたが、1859年より緩速ろ過処理をした水を給水しはじめました。

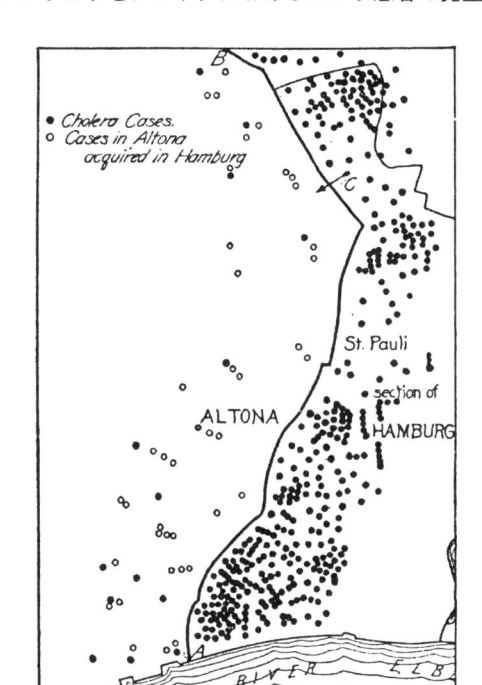

図20 | ハンブルグとアルトナにおけるコレラ患者の発生状況

●はコレラによる死者
○はハンブルグで罹患したアルトナの死者

（F.E.Turneaure & H.L.Russel 1916より）

　図では、ハンブルグとアルトナの街境、各400m区域内のコレラによる死者を点で示してあります。ハンブルグのC地区は配管の都合でアルトナの水道を使っていたので、400人の住民に1人のコレラ患者も出なかったのです。
　当時飲料水を通じてコレラが感染することは知られていませんでしたが（コッホがコレラ菌を発見するのは1883年です）、緩速ろ過処理をしたアルトナでコレラ患者がでなかったことで、これ以後、緩速ろ過が飲料水を介した疫病を防ぐことが広く認められるようになり、近代水道として緩速ろ過法が急速に普及することになっていったのです。
　ちなみにハンブルクでは、コレラ菌の発見によって、ようやく生活環境を石炭酸で徹底消毒し飲料水は煮沸したものを用いることによりコレラ禍を脱

したのです。

　このように、塩素という強烈な酸化消毒剤を用いずに清浄な水を供給することができる方法が存在しました。現在では、100年前に比べて緩速ろ過に対する知見は大幅に増え、さらに安全性が増しています。残念なことに知識の総合化と系統的な蓄積と利用がなされなかったので、その有用性を知る人は非常に少ないのです。

悪い原水のカビ臭も難なくとれる

　水道水がまずい原因は大きく2つあります。
　ひとつは塩素によるもので、もうひとつは湖沼や河川が富栄養化することで発生する藻類などに起因するカビ臭や生臭臭です。
　臭気物質の代表として、ジェオスミンと2-メチルイソボルネオール（2-MIB）が挙げられます。カビ臭を感じる閾値（最小値）は0.00001mg／L（10ng／L）と言われています。生物としての人間は、本能として有害物質を鼻で検知する仕組みが働き、カビ臭を識別しています。カビ臭は無害だと言われていますが、水の味が悪くなり嫌悪されるものであることは間違いありません。
　微生物が作り出した臭気物質はほかの微生物の栄養源として消費されるので微生物による水処理法である緩速ろ過を用いれば臭気物質を安全に取り除くことができます。もし緩速ろ過で臭気が除去できない場合には、緩速ろ過池の維持管理（酸欠など）に問題がある可能性があります。

　全国的な異臭味の発生にともない、その対策のために日本水道協会がまとめた「生物に起因する異臭味対策の指針」では、原水に異臭味が検出された場合でも緩速ろ過処理設備を有している場合には、特別な対策は不要として

います。

　凝集沈殿急速ろ過法では、溶解性有機物である異臭味成分は除去できないので、粉末活性炭の添加や、粒状活性炭によるろ過吸着、オゾンによる分解などが必要になります。莫大なコストがかかる高度処理と呼ばれるそれらの設備は、生物処理である緩速ろ過法の場合には不要なのです。

　緩速ろ過は溶存有機物を減少させるので、水の味も良くなります。粒状活性炭を用いた生物活性炭処理法（BAC）の場合は、活性炭の微細な穴に微生物を繁殖させて微量臭気物質を生物分解させる仕組みであり、緩速ろ過と同様な効果が得られます。

一番安価なクリプト対策

　クリプト対策の場合に補助金が受けられる処理法は膜ろ過法、急速ろ過法、緩速ろ過法です。このほかに有力な方法として紫外線を照射してクリプトを不活性化する方法がありますが、まだ正式な手段として厚生労働省は認めていません。

　1996（平成8）年に埼玉県越生町でクリプトスポリジウムによる水道水を原因とした感染症が発生し、住民12000人のうち8000人が発症するという、水道関係者を仰天させる事態が起きました。

　凝集沈殿急速ろ過法の場合は、ろ過池から漏れ出す細菌の対策として、塩素を添加することにより安全を確保しなければならず、最後の切り札である塩素に耐性をもったクリプトには塩素消毒はまったく無力だったのです。

　パニックに陥った旧厚生省は「クリプトスポリジウム対策暫定指針」を出し、クリプト混入の恐れがある場合には、膜ろ過設備を設置するようにとの指導を出しました。越生町も凝集沈殿急速ろ過の後に膜ろ過設備を付加しました。その後、厚生労働省も膜ろ過を全水道に設置することの難しさを認識し、凝集沈殿急速ろ過法の場合には、ろ過後の濁度を0.1度以下に保つこと

とし、凝集沈澱急速ろ過法の継続使用を認めることとなったのです。

　当初、膜ろ過以外は国庫補助の対象となりませんでした。つまりクリプト対策として認めていなかったのです。

　原水が井戸水でクリプトの指標菌以外に問題がなく、濁度が低くて紫外線の透過性が良い水質なら、紫外線照射による方法でクリプトを不活性化することが可能と言われています。厚生労働省は膜ろ過を強力に推薦した経緯からクリプト対策は紫外線照射で良いとはいいにくいのでしょうが、住民に料金負担をかけない方式を積極的に推薦してほしいものです。

　2005（平成17）年度中には紫外線による対策も認可される予定だと聞いています。

水質不安な井戸水も安全に

　井戸水は水質が良ければ、塩素を少量添加するだけで給水することが可能です。鉄やマンガンが多い場合は、高濃度塩素を添加し凝集沈殿やマンガン砂でろ過する方法が主流ですが、最近では緩速ろ過と同様に生物処理で高速でろ過することにより除鉄・除マンガンができる処理法が確立されており、地下水資源の有効利用に寄与しています。特殊なろ材や薬品の注入が不要になります。

　浅井戸でクリプト指標菌が検出されてろ過施設が必要と判断される場合には、細砂ろ過で対処する方法があります。細砂ろ過により20～50mの速度で指標菌を除くことができ、濁度も0.1度以下を維持できます。この場合も、生物膜ができると処理性能が著しく向上するので、生物膜ができる条件で運転したほうが良さそうです。

　膜以外にも、安価で確実な対処方法が存在します。

　緩速ろ過を付加すれば、溶存有機物を減少させ可能でおいしい水へのグレードアップが可能となるのです。

水源が伏流水で、濁質成分が少なく処理の対象がクリプトスポリジウムやジアルジアと呼ばれる病原性微生物が存在する可能性を示す指標である大腸菌や嫌気性芽胞菌が検出された場合でも、緩速ろ過を設置し、ろ過速度を上げてろ過することでリスクを大幅に低減できます。急速ろ過の場合には、凝集するための濁質成分がほとんど存在しないので、運転管理が非常に難しくなります。また、膜処理の場合は、設備費とランニングコストが問題です。膜製品には、電球のように、どこのメーカーの製品でも使えるような互換性が確保されることが先決条件です。そうすれば、競争が働き膜ろ過法も低コストで運転できる可能性がでてきます。それでも、廃棄物の問題や動力費の問題をクリアーすることが条件として残ります。

　細砂で、ろ過速度を上げて（20m／日から50m／日）物理的ろ過と生物処理の組み合わせで処理できる可能性があります。小規模ながら実績ができつつあり、小規模な地域水道に適用できる有望な方法として育つことを願っています。

　機械設備が不要であり、水を動かすための電力がランニングコストのほとんどを占める場合には、効率的なポンプを採用することが低コスト運転のためのポイントになります。

　選定を誤ると、将来にわたってムダに炭酸ガスを排出しつづけることになるのです。水処理法についても、地球温暖化防止にもっとも寄与できる方法を順序づけると、このようになります。

湧水＞地下水＞伏流水＞緩速ろ過＞急速ろ過＞膜ろ過

　オゾン＋活性炭処理は炭酸ガス負荷を増大させるので、採用には十分な検討が求められます。

図21 | 緩速ろ過基本図

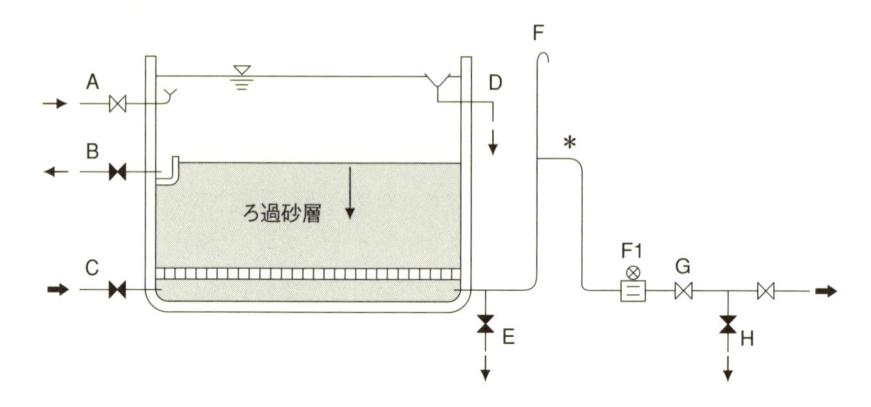

```
A  原水弁
B  ろ層上面水排水弁：砂掻取時使用
C  ろ層充水弁：初期および砂掻取後上向充水用
D  スカム排出口：浮上藻類排出用
E  ドレン弁：メンテナンス時全量排水用
F  空気抜き：サイホンブレーク用
F1 流量計：ろ過流量確認用
G  ろ過流量調整弁
H  捨水弁：初期および砂掻取後水質回復期間捨水用
＊ろ過砂面負圧防止機能：砂層面水位確保用
```

緩速ろ過のいろいろ

　緩速ろ過はもっともシンプルで幅広く水質浄化が可能な処理法です。

　図21に示すようにコンクリートの水槽に砂を敷き詰め上から下にむけて水をゆっくり流す（1時間当たり20cm程度）、これだけで水質が浄化されるのです。自然の力の偉大さを感じさせます。化学薬品を用いずに安全で、美味な飲料水が得られるのです。

　一日の浄水量が1トン程度から数万mトン規模まで対応が可能です。日本でもっとも大きい緩速ろ過の浄水場は東京都水道局境浄水場で、建設時の設計能力は一日当たり31万5000m^3の能力をもっています。1人1日使用量を250リットルで計算すると125万人に給水が可能です。

緩速ろ過から急速ろ過へと処理法の主流が移行する時代に、移行の理由として下記のような点が挙げられていました（多くは緩速ろ過処理の基本が生物処理であることを理解していないための誤解や、当時は最新技術であるとされた凝集沈澱急速ろ過法を採用するための「結論ありき」の、こじつけであった可能性が高いのですが）。

欠点とされた項目の代表的なものと、それに対する解説および対処法を以下に記します。

❶ 高濁度原水では処理ができない

中山間地に多く見られる、河川水を原水とした水道では、初夏の田んぼの代掻きのときには河川水の濁度が200度を超えることもしばしば起きます。このような原水をいきなり緩速ろ過池に導水すると、たちまち目詰まりしてろ過不能になるのは当然です。

また、火山灰地では、夕立などの場合に、微細なシルトが流入し目詰まりを起こし、緩速ろ過では処理できないことなどから「高濁度原水では処理ができない」との評価を下されているのです。

もちろん対処する方法は準備されています。さまざまな方法が考えられますので、状況に応じた選定が可能となります。

たとえば、

ア）濁質の径が大きい場合には普通沈澱池を設置し、その上澄水を緩速ろ過池に供給する。沈殿池に傾斜板や傾斜管を設置して効率化を図ることも可能。

イ）河床に集水管を埋設し河川の礫や砂で１次ろ過した水を緩速ろ過池に供給する方法。

ウ）礫を充填した粗ろ過池を通過させ、礫による傾斜板効果と生物凝集力を利用して濁質を低下させる方法。

エ）急速ろ過と同様なろ過設備を設置し、薬品を注入せずにろ過をおこな

濁質を低下させる方法。ろ材は通常の砂のほかにさらに粒径が小さい細砂による方法、繊維球による方法なども1次処理として有効である。
オ）高濁度時に取水を停止する。この場合、原水の濁度の回復が早い河川上流部の渓流取水などの場合に有効である。
カ）上記の方法を組み合わせて用いることもある。

　このような方法を原水の状況により選択し用いることにより、原水の高濁度対策が可能なのです。砂の削り取りの期間を数年に1回まで減少させている実績を有する浄水場があります。
　また、ダム湖などで発生する浮遊性のプランクトンも濁質同様に目詰まりの原因となりますが、濁質と同様な対策により解決することができます。

❷ 緩速ろ過池の表面にできる生物膜が厚くなりろ過池の水抜きをして頻繁に削り取る作業が必要

　緩速ろ過池の表面には生物膜が発達し、この生物膜が病原菌や有機物、濁質を除去する役目を担っています。表面の生物膜は荒らさないように大事に管理する必要があります。しかし、除去した有機物や濁質は表面に蓄積するので、やがては目詰まりしてろ過の速度が低下しろ過の継続が困難になりますので、再生のため削り取り作業が不可欠になるのです。
　削り取りの間隔を長くできれば負担を減らすことができます。半年に1回程度まで減らすことは、前処理を付加することにより容易に達成できます。砂層の点検もかねて、1年に1回は落水して砂の削り取りをおこなえば、問題ないのではないでしょうか。
　削り取りの頻度を抑える方法は、前項の濁質対策が重要です。また、藻類が異常繁殖する場合には、ろ過池に覆蓋をかけることにより繁殖を減少させることができます。

図22 | 耕運機改造型砂掻取機

　覆蓋は浄水場周りの落ち葉がろ過池に落ちてろ過池の砂表面に貼りつき閉塞の原因となることを防ぐために有効な場合があります。

　また、削り取り作業についても作業を容易にするための工夫がおこなわれています。耕運機を改造した小型の機械（図22）や、ろ過池に据付型の大型機械も開発されています。農業用の機械と異なり需要数量が少ないので、共同購入やNPOを組織して委託する方法などを検討する必要があります。

❸ 時代遅れである

　この指摘に対しては、全面的な反論が必要でしょう。

　高度処理として生物処理、オゾン処理、活性炭処理、膜処理などが最新の方法としてもてはやされる傾向があります。

　緩速ろ過は有機物を微生物がエサとして除去するので、溶存有機物は大幅に減少します。また、臭気物質も微生物が分解してくれます。ほかにはトリハロメタンの生成も抑えられるなど、周回遅れのトップランナーの要素を備えています。バイオは時代の言葉ですが、緩速ろ過はむかしからバイオ技術

の高度処理であったのです。

　産業革命まで原動力として用いてきた風力・水力は、蒸気機関の威力に太刀打ちできず、衰退して観光としての風車しか残らない状況になっていましたが、最近では風車を風力発電として見なおしています。また、水道事業のなかでも水がもつエネルギーを電気として回収しようとする小水力発電の試みもなされているのです。

　古い熟成した技術である緩速ろ過がもつ「生物処理」という利点は、再評価に値するすぐれた技術なのです。断じて時代遅れではありません。

❹ 広い敷地が必要

　日本は国土が狭いため土地の有効活用が最優先であり、土地の価格は下がることはないという思い込みから土地バブルが発生しました。夢から醒めて、土地もその場所から産み出される付加価値に応じた価格に落ち着こうとしています。

　日本の農業は、限られた土地に手間を惜しまず投入し、生産物を少しでも多く採るという土地生産性を優先する伝統があります。しかし、水道事業についていえば、労働生産性に着目することは消費者の納得を得るためには不可欠でしょう。

　浄水場を建設する土地も、100年間使用に耐える緩速ろ過と頻繁に修繕や取り換えが必要な高度処理とでは、減価償却まで含めたコストを算出してみると、緩速ろ過が多少広い敷地を必要としても相当な競争力を有しているといえます。

　膜処理の場合には5年に1度は膜の全交換が必要と言われています。凝集沈殿急速ろ過の場合、導入された当初は洗浄排水を河川に放流していましたが、公害対策が必須となり大規模なものは法律で排水処理が義務づけられ、小規模なものも河川の水質に悪影響をおよぼすものとして、無処理での放流

については世論の理解が得られない時代になっています。発生する汚泥を処理するために機械脱水を導入しましたが、度重なる機械の故障や、高ランニングコスト、保守の難しさなどから、機械脱水から天日乾燥に転換を進めざるを得ない状況となり、機械脱水を廃止した事業体が多くなっています。

　汚泥は、凝集剤と濁質が主成分で脱水性が悪い性状を示すものですが、それを日光と風により乾燥するという原始的な天日乾燥は、場所さえ確保できれば運転経費がきわめて安い方法です。天日乾燥は広大な敷地を必要とし、敷地の縮小を目的に凝集沈澱急速ろ過が採用されましたが、結局、敷地の効率性はほとんど向上しない事態となっているようです。

　脱水乾燥が困難な凝集沈澱急速ろ過の汚泥に比べて、緩速ろ過の場合には凝集剤を使用しないので、汚泥の発生量も少なく乾燥も容易です。ろ過面積のみの比較では緩速ろ過は急速ろ過の24倍ものろ過池面積を必要とすることになりますが、排水処理、汚泥処理などすべての施設を含めると、その差は非常に小さいものとなります。

　ろ過方式の違いによる浄水場総面積に対する浄水量の違いを見てみますと、緩速ろ過方式の場合には$1 m^3／m^2$、急速ろ過の場合には$1.5 m^3／m^2$程度と言われています。

3　緩速ろ過の施設運営のポイント

　前節で示した、欠点の克服方法も含めて緩速ろ過の施設運営におけるポイントを挙げてみましょう。

① 砂の削り取り

　緩速ろ過は、ろ過砂の表面が目詰まりした場合には、表層を削り取って目詰まりを解消させる必要があります。この削り取りの場合に表層の1cm程度を削り取り、あまり深く削らないことが肝要でコツなのです。砂層はさらに下まで褐色になっていますが、この部分は浄水処理に重要な役目を果たしている微生物の活性がさかんな領域ですから、傷めないことが大切です。目詰まりは1cmの削り取りで十分に回復します。くれぐれも、着色部分をすべて削り取ろうとしないでください。

②砂の削り取り後の復旧

　砂の削り取りは手早くおこない、ただちに水はりをし、ろ過を再開することが大切です。休止期間が短いほど復旧後の水質の回復が早くなります。理由は生物活性の低下を少なく抑えることができるからです。

　先に岡山市の例にあったように、4日間休止した後、ろ過を再開すると水質の回復に2日を要していますが、速やかにろ過を再開した場合には6時間後には回復しているのです。

　小規模水道の場合には、朝に作業を開始し、昼過ぎからろ過を再開すれば、夕方には清浄なろ過水を得ることも可能です。清浄かどうかの判断はろ過水濁度で確認できますから、濁度を指標に回復の判断をすれば良いのです。

　ここで再び、緩速ろ過が日本に導入された明治期の研究を見てみましょう。

研究報告2　「ろ過除泥前後における濾水の細菌数の消長ならびにろ過効力

に関する第2回報告（1912）」

「ろ過池除泥の場合に於いて、ろ過効力の発現及び確実となる時期は原水の性質、季節の関係、ろ過休止時間の長短、及び砂層の状態如何等により大いに差異あり。而してろ層を永年継続使用したる場合に於いては、除泥後に於いてもろ過作用に大いなる影響を認めず、而して其の主因は表膜以下におけるろ層の閑静さるるの起因するものなることを推論したり。而して従来岡山市に於いて施工し来たりし除泥方法はろ池内の水を全部排除し、一日若しくは二日乾燥せしめしかる後表面の汚泥を削除したるものなりき。然るに今報告せんとするところのものは可成丈ろ層に変態をしょうぜしめざらんため、特に上層部のみ排水し砂層内の大部分は水を保ちたるまま除泥し、わずかに数時間内に作業を終わりただちに通水し足る場合の例についてなり」

「大正元年11月17日旧砂を厚さ4寸（約12cm）補砂してより118日間使用し、大正2年2月12日正午使用中止側壁を掃除し、翌13日正午に至り砂面上の水を排除し砂面下8寸（25cm）の処に水を保たしめ、午後0時30分より除泥に着手し（約4分削除（1.2cm））同4時作業を終わり直ちに浄水を下部より送りて砂面上に至り未濾水を導入して、午後11時30分予定水位に達し同11時50分ろ過を開始したり。而して当日午前10時より同日午後4時に至るの間における最低気温は5度8なり。」

「例えによれば除泥後に於いても其のろ過効力は直ちに認めうるのみならず、其の成績はきわめて良好なり。而してこの小実験によるも表膜以下に於けるろ過機能の完全なることを立証し得らるが如し。……ろ池除泥後の方法としては短小時間内に作業を終わることを得しかも其の除泥

図23 | ろ過砂掻取後ただちにろ過を再開した場合のろ過性能の回復状況

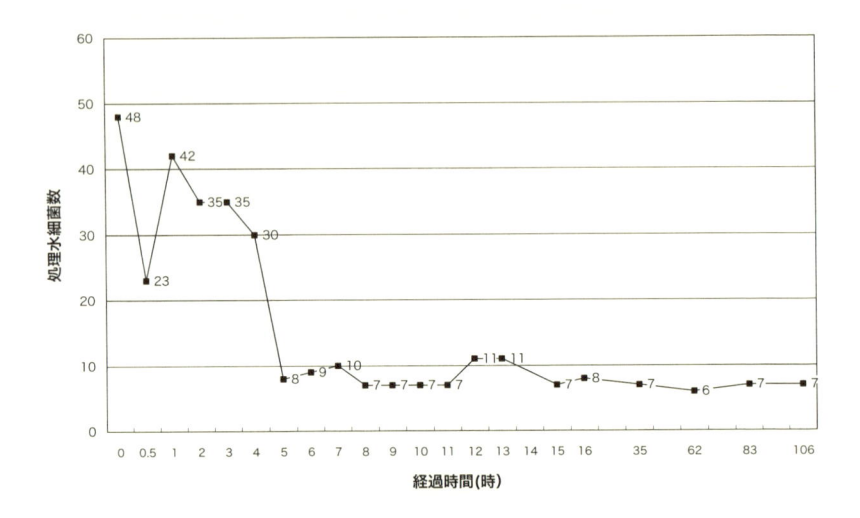

後に於けるろ過作用は、従来の方法に比し却って良好なるの成績を示し、直ちに上水に供給することを得て給水作業上至大の便益あるものと思考し……」とあります（図23）。

先にあげた図19の細菌数の減少と図23を比較すると、ろ過砂掻取後ただちにろ過を再開するとその回復が著しいことがわかります。

③浮上藻類の排出

ろ過池には、水中の栄養分と日光エネルギーを利用した藻類が繁殖します。繁殖した藻類を速やかに排出することが必要となります。放置すると腐敗し水中の溶存酸素を奪い、砂層の生物に酸素が届かず、水質悪化の原因となる場合が多いのです。

藻類は太陽光を受け、炭酸同化作用で藻体を作り酸素を放出します。わずかしか溶解しない水中の酸素を増やし、浄化作用を促進する機能を有しています。

従来は、異化作用のために溶存酸素を消費し水質を悪化させることと、藻類が目詰まりを促進するという負の側面が強調されてきました。藻類の繁殖性は非常に高く、無対策であれば従来指摘されたことが起きる場合があります。藻類を連続培養系として捉え連続排出することで、欠点とされたことを利点に転換できるのです。
　藻類の活性が高いときには、藻類は砂面に付着して炭酸同化作用の副産物である酸素を盛んに気泡として放出しますが、やがて気泡が絡んだ藻体は気泡を絡ませシルトを抱いて水面に浮上してきます。浮上した時点で、積極的に系外に排出する作業をおこなえば、酸素を消費する段階のものを取り除くことができ、酸素を水中に残すことができるのです。また、シルトの排出にも効果を認めることができます。
　栄養塩が豊富な原水の場合には、日光をコントロールするための覆蓋などを設置することも考慮する必要があります。ろ過池の規模と周囲の環境によりコンクリート、FRP、寒冷紗、プラスチックの浮き板などを設置します。藻類の繁茂をどこまで許容するかは、原水水質によって判断する必要があります。
　浮上藻類の排出装置をもたない緩速ろ過池は欠陥設計であると言えます。

④ろ過速度

　『水道施設設計指針』という水道関係者にとってはバイブルといえる本があります。そこには緩速ろ過のろ過速度は4～5ｍ／日で設計すると書いてあります。この数値は河川下流の少し汚れた原水の場合に採用すると良い値です。原水の汚れが少ない地下水などの場合には、ろ過速度を早くすることが可能です。8ｍあるいは10ｍで問題なくろ過できます。
　では、なぜ、指針には4～5ｍと書いてあるのでしょうか？
　いったん数字にすると盲目的にその数字を信じてしまったり、具体的な数

値がないと設計できない技術者が多いからです。4～5mの低い値で設計して設備が大きくなりすぎても、競争するライバルメーカーがありませんから、「まぁ、いいか」ということに落ち着きます。10mでろ過することが可能ならば設備投資は1／2で済みます。でも、特許にもならないし、ライバルに打ち勝つ必要がないので、どの程度までろ過速度を上げることが可能なのかを研究する人がいなくなったのです。それよりも、特殊な機械を用いた方法を開発するほうが儲かるからです。儲けにつながる場合は非常に大きなインセンティブとなります。

でも、それが消費者にとってはプラスにならないことが問題なのです。

ろ過速度は原水水質により上げることができます。また、前処理で濁質を除去することでも、ろ過速度の上昇が可能になるのです。

⑤前処理が重要

緩速ろ過前処理に凝集沈殿を設置することが有効な場合があります。しかし、凝集剤の反応でできる水酸化アルミニウムの粘着性が砂層の目詰まりを促進して、前処理としての効果を十分に発揮するにいたっていない場合が多いのです。凝集沈殿＋急速ろ過を前処理とし、その後に緩速ろ過をする方法はヨーロッパなどで採られています。この場合の効果は溶存有機物や病原性微生物が緩速ろ過により除去され、おいしくて安全な水を得られるのです。また、緩速ろ過池の目詰まりも少なくなり、メンテナンスが軽減されるのです。オゾン＋活性炭処理の後にもさらに緩速ろ過を付加して、味の改善とリスクの低減に取り組んでいる水道がヨーロッパには存在します。

ダムが主流でない時代には、日本の河川は一気に海に下るので、濁質のみを除けば塩素を添加することで飲用に供することができましたが、ダムの水が主流になると原水水質が悪化し急速ろ過のみでは対処できなくなっており、高度処理機能をもつ緩速ろ過への回帰が必要となってきています。

図24｜礫を充填した粗ろ過の例

1 横流式粗ろ過

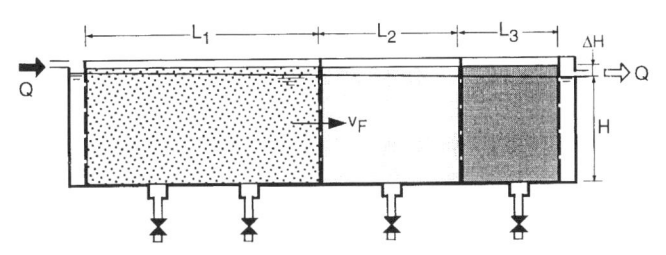

2 下降流式粗ろ過

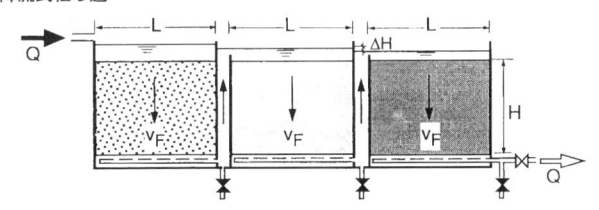

3 上向流式粗ろ過①

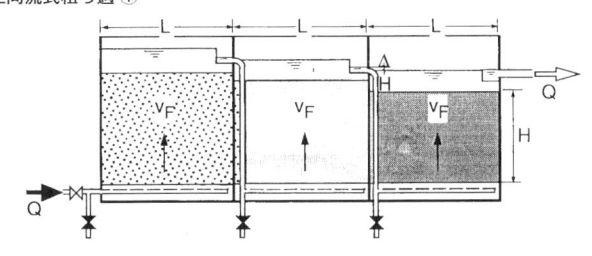

4 上向流式粗ろ過②

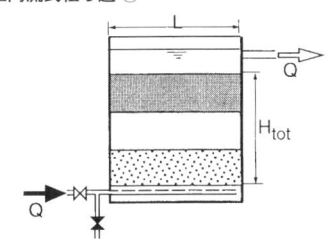

（Martin Wegelin　1996より）

前処理として凝集剤を加えない急速ろ過（砂層に生物膜が生成し前処理として濁質の除去が可能である）をおこない、逆洗（通常のろ過方向と逆向きに水を通すこと）で、目詰まりした物質を剥がしとれば、維持管理が容易になります。また、礫を充填した粗ろ過も有効です。粗ろ過は鉄筋コンクリート構造物と礫で構成されるので、経済性にすぐれています。

図24は礫を充填した粗ろ過の例です。

緩速ろ過の生物相は大切に管理しなければなりません。同じような生物相を前処理粗ろ過装置で維持できれば、前処理装置の後に本処理装置として緩速ろ過が控えており、逆洗や水の停止などの乱暴な取り扱いをしても支障が起きません。前処理装置の有効活用がろ過速度を高速化する鍵になります。

⑥生物相への酸素の補給

緩速ろ過は好気処理ですから、酸素の供給が重要です。前段での曝気や藻類の積極的活用、さらに前処理から緩速ろ過に移る際の再曝気の採用などを検討することが重要になります。浄水池が満水になった場合に処理を全停止することは、生物相への酸素の供給を断つことになり、好ましくありません。

その場合には、少量ずつでもろ過をして、生物に酸素を供給する必要があります。原水の有機物による汚れが多い場合にとくに重要になります。

緩速ろ過の水質が悪化した場合には、処理速度を落としてはなりません。処理速度を落とすことはさらに状況を悪化させる場合が多いのです。逆に処理速度を上げることにより酸素の供給量と生物のエサになる原水量を増加させることで、回復が早まる場合があります。処理水の溶存酸素濃度を管理指標に用いることも有効です。

動力費がほとんどかからない手法として、水路に落差を設け自然落下により溶存酸素を増加させる方法があります。経験式による設計の手順も確立されています（図25）。

図25｜落差曝気の例

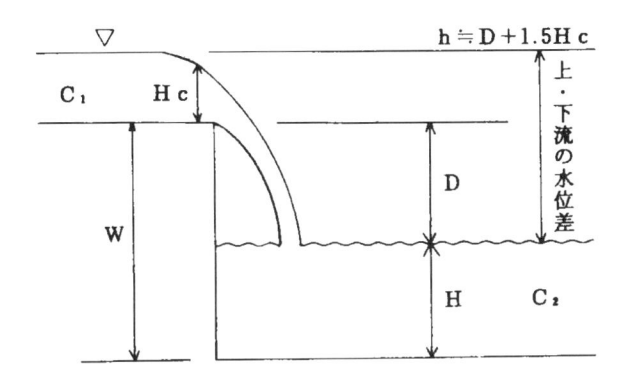

⑦生物処理による除鉄・除マンガン

　鉄バクテリアを利用して地下水中の鉄・マンガンを処理する技法が注目されており、採用実績も増えつつあります。従来の処理法は塩素を添加して酸化処理し、凝集沈殿の後にマンガン砂などでろ過する方法でした。

　バクテリアを利用する方法は無薬注であり、緩速ろ過と同様に砂やアンスラサイト、プラスチック担体上に有用微生物を付着生成させ処理に利用する方法です。緩速ろ過と同様に微生物と人間が折り合いをつけて共存する技術です。

　地下水における鉄バクテリア利用の除鉄・除マンガン処理は京都府城陽市など十数カ所で実用化され稼動しています。従来放棄されていた鉄・マンガンの含有量が高い地下水源も、この方法で利用可能となることが期待できます。

⑧寒冷地での緩速ろ過

　緩速ろ過は生物処理ですから、水温の影響を受けます。一般に生物活性は10℃で2倍と言われていますが、緩速ろ過にもあてはまります。覆蓋をかけたり、養鰻用の水車で水面を攪拌するなどの方法で、水面の凍結対策をおこ

なえば問題なく使用可能です。北海道でも多数の緩速ろ過浄水場が稼動しています。

⑨自動化

　緩速ろ過は古くから利用された歴史のある技術であることから、自動化にあまり縁がありませんでした。凝集沈殿急速ろ過は新しい技術であり、自動化しなければうまく機能しない方式であったので、登場したときから自動化に向けた方向づけがなされていました。

　緩速ろ過も急速ろ過と同様に自動化が可能です。しかし、緩速ろ過に限らず自動機器は故障の原因となることが多く、どの程度自動化を採用するかは個別に検討する必要があります。

　緩速ろ過設備でも凝集沈殿急速ろ過設備と同等の自動化が可能で、省力化に対処できます。緩速ろ過の自動化があまり進まなかったのは、緩速ろ過は自動化せずとも十分な性能を発揮するシステムだからです。

・ろ過流量自動調節について

　自動化をおこなわなくとも十分に運転管理は可能ですが、自動化が不可欠な場合にも容易に自動化が可能です。

　ワンループコントローラーを用いてろ過流量を計測しながら流量調節弁を制御する方法が採用できます。ろ過流量は調節計で事前に設定しておくことで、「ろ抗」が増加しても自動的に弁を開き流量を一定に保つことが可能です。また、浄水池が満水になった場合にも流量をゼロにせず水質が維持できる最低のろ過速度まで水量を低下させ、浄水池から溢流した処理水を原水井戸に還流させることにより水を捨てることもなく、ろ過停止による水質の悪化を防ぐことができます。配水池の水位の情報を利用してろ過流量を無段階に変更することにより、浄水池からの溢流を防ぐこともできます。

このように凝集沈殿急速ろ過で採用されている方法が採用可能ということであり、前処理を十分おこなえば、複雑な制御方式を採用せずに見回り点検程度で良質な浄水を得ることが可能です。

・**処理水濁度計について**

　処理水の濁度は水処理の可否を代表する指標です。連続測定あるいは手動分析により処理水濁度を把握することは、その浄水場の特性を把握するために重要な指標ですから、日頃から定期的にデータを採取することをお勧めします。

　処理水の濁度を連続監視することで処理の異常を検知することができます。生物相に異常を来たすと処理水濁度が上昇するので、処理の異常をすばやくキャッチできるのです。緩速ろ過の処理水濁度は通常0.03度以下を容易に維持できます。

　クリプト対策として浄水濁度0.1度以下の指標は、凝集沈殿急速ろ過の維持管理のための指標です。濁度計はレーザー式の機種のほうが、経時変化が小さくメンテナンスが易しいはずです。

　処理水濁度は水質維持の証拠として連続測定連続記録することが、最上の方法です。

・**溶存酸素計**

　緩速ろ過にとって処理水に適量の酸素が残っていることが重要です。処理水中の溶存酸素が低下し2ｍｇ／L以下になると、処理が不調になる恐れが高くなります。最近は無調整で6カ月以上動作するプロセス用溶存酸素計が市販されておりますので、運転状況の連続監視に利用することができます。溶存酸素を低下させないことが重要で、酸素が十分に存在する状況下でこそ、好気性微生物が十分に活躍することができます。生き物の気持ちになることが大切なのです。

・ろ抗計

　ろ過層の閉塞状況を監視するために必要な指標として「ろ抗」があります。流出側の弁の開度で、おおよその閉塞状況は把握できますが、数値化し記録を残すためにも設置することをお勧めします。最も簡単な方法は透明のプラスチック管に目盛を打って設置する方法です。また、ダイヤル式の圧力計を設置しても良いでしょう。ろ過流量とろ過池下部の圧力から標準ろ坑に換算して管理指標に用い、砂の削り取りの時期の推定をすることができます。図21の（F）を兼用できます。

⑩太陽光のコントロール

　太陽光のコントロールは、藻類の繁殖をコントロールする場合に必要になることがあります。コントロールの方法として、覆蓋をかけて完全に遮光する方法もありますし、寒冷紗や特定波長の光をカットできるFRPなどがあります。池面にフロートを浮かべる方法も考えられています。

急速ろ過でも地元仕様はできる

　急速ろ過の場合でも可能な限り特殊製品の使用を避け、鉄筋コンクリートと砂を主体のシンプルなプロトタイプの急速ろ過法で施工することにより、トータルコストを引き下げることができます。

　特殊なろ過装置が必要になるケースはめったに生じません。地元仕様での緩速撹拌は迂流式沈殿池は普通沈殿池とし、阻流壁を配して密度流による短絡を防止することです。将来容量を増やす必要が生じた場合に傾斜板や傾斜管を設置することもできます。急速ろ過も集水ストレーナーは穴あきパイプを配置すれば性能上の問題は生じませんので、特殊製品の使用を回避できます。

　一般に入手可能な製品で構成することが、建設コストとランニングコスト

を考慮した総合コストを引き下げ、給水原価の上昇を抑えることに貢献します。また、特殊製品を用いないので一般的な技術で運転管理に対応できるのです。

ただし、メーカーの特殊技術を採用しないため、技術相談をメーカーにすることができず、設計を委託する場合に設計会社の実力をしっかり見極め、将来問題が生じた場合に頼りにできる設計会社かどうかを判断することが重要です。

住民にもできる維持管理

一般的な浄水方法を採用することにより、地元で管理可能な水道インフラが完成します。配管も小口径管には耐震性が期待できるポリエチレン管を採用すれば、軽くて施工性が良くコスト削減に寄与します。

地元で保守する場合の留意点として、技術が正しく伝承されるためには、外部にサポート組織を保険として確保しておく必要があります。その役目を担うNPOとの連携が重要です。

日本に近代水道が入ってきた明治の頃は、お雇い外国人が活躍しました。パーマーやバルトンの名前は水道関係者の間ではとくに有名です。この頃の日本には緩速ろ過の知識がまったくなく、全面的に彼らの設計に頼ったのです。その後、日本人が技術を習得し、自らの手で設計をおこなうようになり、全国各地に普及する頃には日本人技術者の手で設計がおこなわれるようになりました。

維持管理についても、初めは外国人技術者の指導のもとにおこなっていましたが、水道局技術職員の研究研鑽により、国内に技術の蓄積が進みました。各地の水道局が情報交換のために設立したのが日本水道協会の前身です。

戦前の水道は多くが緩速ろ過で、塩素の添加をおこなっていない水道事業

体がほとんどでしたが、敗戦後、GHQにより米軍の軍用基準が適用されて塩素の添加が義務づけられました。

　塩素の添加が前提となる場合、急速ろ過処理でも塩素で病原性微生物を殺菌できることから、ろ過法も急速ろ過を採用する水道事業体が増えてきました。急速ろ過は原水の変化に応じて薬品の注入量を細かく変えなければ良好な処理がおこなえないため、研究の主力は凝集沈澱急速ろ過に向かうことになったのです。

　緩速ろ過はとくに研究をせずとも良好な水質を得ることができるので研究者も興味を失っていきました。反面から見ると、とくに研究せずとも確立した技術として成熟していたということです。

　成熟した技術は**万人が利用可能**で、特殊な製品やノウハウを必要とせず、メーカーや技術者が力を注がなくなったため、基本技術の伝承がおろそかになり、緩速ろ過の素晴らしさを覆い隠すことになってきているのです。

**　小規模水道は、水源さえ確保できれば住民の手で維持管理が可能です。不測の事態に対するサポートは、「緩速ろ過・小規模水道応援団」といったようなNPOを設立し、運用することが可能です。また、基本技術の蓄積やサポートも、このようなNPO組織で役割を担うことがこれからの日本にとって、また地域の水道にとって重要なことだといえます。**

epilogue
「小さい水道」が生き残るために

1 「小さい水道問題」を再考する

「小さい水道」(小規模水道事業)について、本書中で数多くふれてきました。
利用者にとっては、わが家が使っている水道の規模が大きいとか小さいなどは、さほど興味のないことです。しかし、水を供給する側からすれば、事業規模の大小は運営にかかわる重大な要素となっています。以下の指摘のように——。

> 「水道事業の多くが市町村単位の小さな規模で実施されてきた結果、地形的な要因に加え、水道ごとの成り立ちや水源、需要構造等の違いを背景として、災害時の対応や供給する水の水質等のサービス内容、料金などの面で格差が生じている。とくに、小規模水道において財政面、技術面での立ち遅れが見られ、こうした小規模な水道における適切な経営・維持管理も今後の大きな課題と言える」(生活環境審議会水道部会、1999(平成11)年11月16日議事録より)

このような問題意識をかりに、日本の「小さい水道問題」と名づけたとしましょう。このことは、上の生活環境審議会に先だつ水道基本問題検討会の答申「21世紀における水道および水道行政のあり方」(1999年6月)でまずは指摘されています。

2001年6月29日、「水道法の一部を改正する法律案」が国会で可決され、7月4日に改正水道法が公布されました。改正の主要テーマは「水道の管理体制の強化」ですが、その背景のひとつに「小さな水道問題」が大きく横たわっているのです。

というのも、水道事業をおこなう団体の大多数が中小規模だという現実があるからです。

日本には現在、水道事業をおこなっている団体が約1万1000弱ありますが、

図26 ｜ 上水道事業の給水規模とその比率（1998年度末）

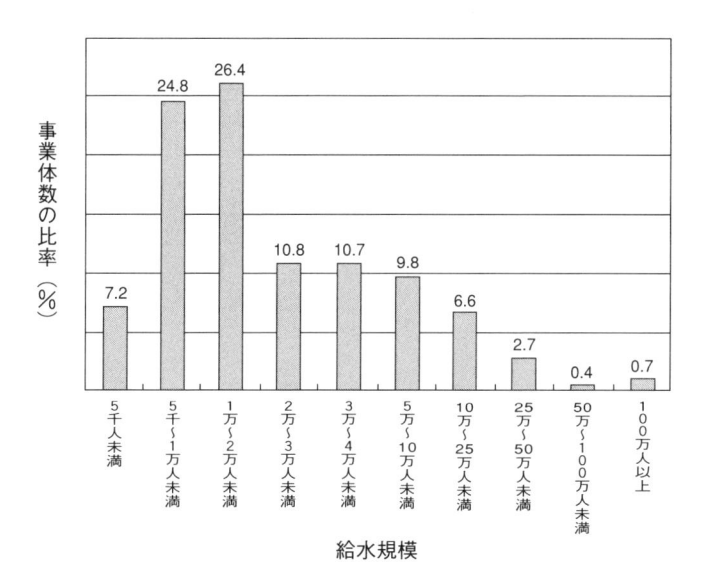

事業体数の比率（％）

- 5千人未満：7.2
- 5千～1万人未満：24.8
- 1万～2万人未満：26.4
- 2万～3万人未満：10.8
- 3万～4万人未満：10.7
- 5万～10万人未満：9.8
- 10万～25万人未満：6.6
- 25万～50万人未満：2.7
- 50万～100万人未満：0.4
- 100万人以上：0.7

給水規模

図27 ｜ 日本の水道事業の概念図

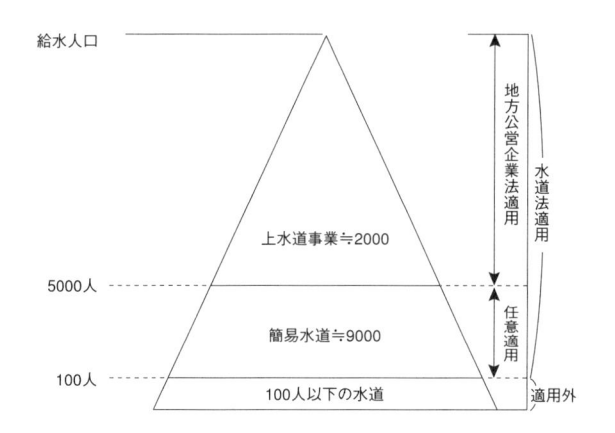

給水人口

- 上水道事業≒2000
- 5000人
- 簡易水道≒9000
- 100人
- 100人以下の水道

地方公営企業法適用／任意適用

水道法適用／適用外

そのうち給水人口が5000人以下の簡易水道が約9000弱、それ以上の給水人口をもつ上水道事業者は2000弱というところです（図26）。ちなみに、100人以下の水道は水道法が適用されません。日本の水道はこのように、給水人口によって階層分けをされ、それごとにルールが適用されています（図27）。

中小規模水道とはどれくらいの規模をいうかの基準はありませんが、約1万1000弱の上水道事業のうちでも給水人口5万人未満が98％を占め、10万人で線を引くと、簡易水道を含めそれ以下が、全体の98％に当たるとカウントされてしまいます。

では、「小さい水道問題」とは具体的に何なのか、生活環境審議会が掘り起こした"弱点"を挙げてみると——。

❶ 小規模な水道事業体ほど施設費のコストが高い
❷ 小規模な事業体ほど、給水収益が少ない
❸ 小規模な水道事業体では、数人の職員しか雇用できない

これらの"弱点"ゆえに「災害時の対応や供給する水の水質等のサービス内容、料金などの面で格差が生じ」「財政面、技術面での立ち遅れが見られ」、「適切な経営・維持管理も今後の大きな課題」だと結論づけています。なぜなら「今後、維持管理を中心とする時代」には「施設の改築・改良等の大規模な投資が必要」となるが、「小さい水道」にとってそれは大変困難だ、というわけです。「小さい水道問題」を国の検討会、審議会は以上のように捉えています。

著者も基本的には共通の認識をもっていますが、「小さな水道」を捉えるに"弱点"ばかりでなく、"強み"をもみいだし、別の側面からの積極的なアプローチを探りたいと考える点では、国の立場とは異なります。

97％という高い水道普及率と水準を考えたとき、これら大多数を占める

「小さい水道」の水準向上努力が総じて高かったこと、小さいほど住民とともに歩んできたことなどが、日本の水道の底固めをしたのであり、そのような実績をむしろ今後への強みに転化する可能性を探りたい、と考えるからです。

小さい水道の"メリット"とは？

　「小さい水道問題」についての国の上からの捉え方に対して、下からの視線をも提示しておくべきでしょう。全国簡易水道協議会と水道技術研究センターが共同でおこなった「中小規模水道の改善方策調査」（2001～2003年度、調査対象8790簡易水道事業体）の報告書（概要）があります。自らの問題・課題を自己分析・評価した点で参考になります。

　まず、水道の規模に関する経営状況の捉え方は、一般的かつ客観的です。

①中小規模水道は規模が小さくなればなるほど、事業運営が非常に苦しい
②事業運営が苦しいため、必要な施設の維持管理や施設更新ができていない
③給水人口が10万人程度でも、事業運営に非常に苦労しているところがある
④行政人口が1万人未満の町村では、一般会計からの繰入もままならない
⑤行政人口が50万人程度を超えるような都市内にある小規模水道では、一般会計からの繰入により、比較的安定して事業がおこなえている

　ただし、解決への処方の考え方は国の審議会と比べると複雑思考をもっています。

　　「状況が多様であり、課題・解決策を一様に整理することは困難。一般論では、財政基盤の安定が不可欠で、経営規模拡大、事業統合が解決策とされてきた。だが、上水道の給水区域に組み入れることが難しく、独自の水道を建設せざるを得ない地理的、社会的条件があるからこそ現状

の課題が存在する」(報告書より)

やはり、このような現状認識から出発すべきでしょう。
そして、中小規模水道の課題に挙げたリストから"メリット"に変えられる点を発見することも可能です。以下は、その作業の試みです。

● 超「小さい水道」(水道法適用外の水道)
水道の未普及地域、非公営水道については、「自己水の水質・水量に問題がなく、過疎の小集落(50〜100世帯以下)に多い。すでに飲料水供給が安価にできていて、上水道、簡易水道にする動機づけが少ない」と分析。これはそのまま"強み"に転じると言ってよい特徴です。ちなみに、この種の水道についての国の見方はネガティブで、ゆえに「対策」が講じられようとしているところです(後述)。

●「小さい水道」一般
「浄水にはさほど労力を要さないところが多いが、施設の老朽化が進んでいる」。マイナス要因もある一方、ここにも"強み"の芽を見つけることができます。これらも国の「対策」の対象にされようとしています。

● そのほかの課題
・水道料金の設定がコストに見合ったかたちでなされていない
・いったん施設投資をすると、一般会計からの繰入、後年度のコストを大きく引き上げる
・一般会計からの繰入も難しくなってきている
・施設関係が点在し、担当職員は休み返上など維持管理に苦労している
・水質検査の委託は進んでいるが、浄水場や水源、配水池の運転管理は進んでいない
・維持管理コストが上昇してきて、ますます経営を圧迫している

これらをひとつひとつ点検し、長所は伸ばし、「小さい水道」の"強み"へと転化していく処方があるわけです（PART2「経営を健全に長もちさせる手法」参照）。

2 「広域化」「管理強化」について

　最新の水道法改正のテーマ「水道の管理体制の強化」の背景には、「小さい水道」が問題視されていると述べました。2004年5月には、国の検討会、審議会、法改正を経て、アクションプラン（具体的な施策）を含む「水道ビジョン」が策定されました。そこに盛られたたくさんの処方箋のなかから「小さい水道問題」に関する捉え方と対策を見てみましょう。

● 「未普及地域の存在と未規制水道における衛生管理の不徹底の問題」
・410万人（2002年度末）の未普及人口の解消は重要な課題
・水道事業の給水区域外の居住人口は約150万人おり、うち約100万人は小規模な集落水道や自家用井戸で生活していると推計
・一般に水道法対象外の施設の水質管理は適用施設に比べて不安が大きい
・とくに、貯水槽水道や飲用井戸等での管理の不徹底

　これらの何が問題かといえば、「すべての国民が十分な水質管理がなされた水道の恩恵を受けるにはいたっていない」からといいます。
　そして、これらへの処方箋が「広域化」と「管理強化」です。
　広域化は「同一市町村内の水道を施設面・経営面で統合・一体化すること」「市町村の合併等を契機とした簡易水道事業等の統廃合」。
　管理強化は、「小規模の水道施設や貯水槽水道の設置者には一定の管理責任を課すことに加え、地方公共団体や水道事業者等の関与をよりいっそう強化する」「設置者が信頼して管理を委託することのできる受け皿の育成」などです。
　その方向で数値目標が掲げられました。
・新広域化人口率（ソフト統合等の新たな概念による広域化を含めた広域化人口の割合）を100％とする。
・給水カバー率（給水人口および水道事業者が給水区域内外の法適用外の小

規模水道などの技術的管理をソフト統合によりカバーしている人口の割合）を100％とする

　以上をどう見るか。現状でのいわば"無法地帯"をすべてなんらかの形で、法の網のなかに取り込んでいく、ということになりましょう。

　前項の簡易水道事業者自身による「小さい水道」評価との違いは明白です。前者は、現状で問題ないものはそのまま認める姿勢に対し、国の考え方はすべて国の規制・基準枠へと統合、つまり一元化していく手法です。「小さい水道」自身による自治と自立を支援する──という発想とは異なるようです。

「第三者」への業務委託の意図

　2001年水道法改正の目玉は、「第三者への業務委託」でした。改正前後の報道では**「水道民営化への道が開かれたか」**と、水道界の行財政改革のエースのように迎えられたものです。言うまでもなく、水道事業は1890（明治23）年の水道条例発布以来、市町村が経営する原則（公設公営）で一貫してきました。ところが、民間でも水道事業に進出できる（公設民営）ようになる、というニュースとなったのでした。

　しかし、水道法には従来から「市町村以外の者は、給水しようとする区域をその区域に含む市町村の同意を得た場合に限り、水道事業を経営することができる」（第6条）という条項がありました。改正を待つまでもなく、委託は可能だったわけです。では何が新たなのかといえば、6条の前提のもと、実際に業務委託する場合のルールが書き込まれたことです。従来は委託が「できる」といいながら、現実には想定していなかったのか、その範囲や責任については何も定められていませんでした。

　「水道事業者は、政令で定めるところにより、水道の管理に関する技術上の業務の全部又は一部を他の水道事業者若しくは水道用水供給事業者又は当該業務を適正かつ確実に実施することができる者として政令で定

める要件に該当するものに委託することができる」(24条の3)

このような条文が加わり、政令とセットで業務受託者の「法的責任」が明らかにされたわけです。

もともと「第三者業務委託」条項の意図は、メディアがニュース化した「すわ民営化へ」とは別のところにあったようです。「小さい水道」の「技術面での立ち遅れ」をなんとかするため「技術上の業務」を一定レベル以上の第三者に委託する、という手法として考え出されたもので、想定された「第三者」とは、民間企業というより、小さきを助けることのできる「大きめの、力ある自治体水道」だったと聞きます。たとえば、東京都水道局が周辺の「小さい水道」を助けるといった形です。

民間への門戸開放の可能性が一歩進んだことは否定できませんが、今回の具体的開放は「技術面」だけ。したがって受託者が負う「法的責任」も、給水にかかわる検査や衛生上のことなどごく一部に限られ、ほとんどの水道事業上の責任はあくまでも市町村にあります。冷静に見れば、今度の改正によっても、基本的には明治以来の「市町村営」は貫かれているのです。

要は、「技術面での委託」が「小さい水道」を救う助け舟になりうるのかどうか、ということなのです。

民間委託すれば夢の解決へ？

さて、現実に「民間業務委託」はどれほどおこなわれているのでしょうか。

法改正の前から、主としてメーター検診や料金徴収、それに浄水場の一部管理運営にも広がっています。浄水場の水質管理なども、実際にはメーカーの技術者が受けもつことが多いようですが、法的責任がなかったために"陰の存在"的ニュアンスが強かったのです。以前からの形の委託を「部分業務委託」、改正において法的に位置づけられた形態は「包括的業務委託」と呼ばれています。改正水道法が「法的責任」の対象としたのは後者だけですか

ら、相当広範におこなわれている前者はなんら影響を受けないことになります。

　では、法律に明記されお天道様の下を歩けるようになった「業務委託」とは、どんなものでしょう。参考までに、浄水場の管理運営をまるごと民間業者に委託した一番乗りと二番乗りとして話題になった群馬県・旧太田市と広島県・旧三次市の例を簡単に見ておきましょう。

　太田市は2002年4月より5年間契約で2カ所ある浄水場を、三次市は同年11月より2カ所の浄水場と15配水池、16ポンプ所を5年5カ月契約で「水道事業会社」に業務委託しました。いずれもその理由は「人件費の節減」だとしています。2002年当時の両市の給水人口は、太田市が16万4000人、三次市が約3万2000人と、「中規模水道」とみなしてよいものです。太田市の場合、法改正前から料金徴収を民間業者に任せた結果、11人いた職員をゼロにし一件当たりの徴収費用を713円から643円に節減したと報告しています。その成果から「水道局職員でなくてもできる仕事は、極力外部に業務委託する」となったようです。人件費の削減について当時、三次市の吉岡広小路市長は、年間3000万円くらいの経費節約ができると業界誌のインタビューに答えています。

　しかし、「第三者委託」をたんに、いくら経費節減ができたという点からのみ捉えるのは適切ではありません。改正の趣旨である「小さい水道」の助け舟になっているかどうか、点検しなければなりません。技術面の委託が経費節減につながるという理由は、吉岡・三次市長がいみじくも語っていた「自前でおこなう水道技術者養成には相当なコスト、時間がかかる」という点にあります。太田市の委託当時の水道局幹部は、「水道職員の労務上の問題（時間外勤務時間の削減、度重なる夜勤による健康管理対策など）」も理由に挙げていました。

　しかし、本質的な経費削減になるかといえば疑問があります。職員人件費

ばかりが槍玉に挙げられていますが、そもそも太田市水道がある意味で大胆なリストラ策を断行せざるをえない理由は、当時のホームページ上で公表されていました。「利根浄水場施設整備事業、配水幹線拡張事業および老朽管整備事業」などのために、年間26億7000万円の資金を必要としていること、そして、その調達に約12億円借り入れ（企業債）ているものの、なお約11億4000万円不足するため一部自己資金で補填」、という経営実態です。そして営業経費のうち人件費も含めた「水道水を作る費用」は全体の21.5%にすぎず、「減価償却費と支払利息」が50%あまりも占め、これが「渡良瀬川表流水導入の施設稼動にともない」跳ね上がっている、と。

　これは、昭和初期に水道事業を開始して以来ずっと、地下水でほどほどにやってきた太田市水道が、大成長の計画を立て、ダム開発をする県の広域水道（用水供給）事業に参加したことが、経営難の最大要因であることを認めるものです。中小水道の経営難の背景には、じつは、太田市のような水源開発への過剰投資構造が存在する例が、あまりに多いのです。

　話を元に戻しますと、「業務委託」は財政難を根本的に解決するものではないとしても、一考に価する処方ではあります。問題は、中小規模水道、つまり普通の市町村にとって「水道技術者」を抱えつづけることが困難、という事情です。財政的に逼迫している経営環境、さらに後述するように、水質管理のハードルがより高くなる規制のなかで、言葉は悪いですが"丸投げ"したほうが安くてラクだろう、いたし方ない、という考え方。短期的にはその通りかもしれません。しかし、「自前の技術」という面から、より深い思慮が必要ではないか――さらに掘り下げてみましょう。

3　水質検査の考え方が変わった

　「小さい水道」において技術が問題にされていますが、それは水質管理をきちんとする裏づけとしての技術ということです。水質管理の現状に対する問題意識は、水道基本問題検討会が答申「21世紀における水道及び水道行政のあり方」のなかで、次のように取り上げています。

　　「とくに、水道水の安全性は国民の最大の関心事であるが、生活排水による河川の汚濁や化学物質による河川・地下水の汚染、湖沼の富栄養化など、水道水源の水質悪化が問題となっている。そのため、水道事業者における水質管理体制の強化に加えて、水道水源の水質保全がきわめて重要な課題となっており、……」

　水道の水質管理のレベルが低下しているのではないか、との懸念を裏づけるような検査結果があります。2002（平成14）年度に厚生労働省がおこなった104の水道事業者に対する立入検査の結果では、ほぼ半分に当たる47事業者になんらかの問題があり、文書指導がなされています。「とくに、毎日検査の実施や給水栓における残留塩素濃度の保持等必要最低限実施すべき水質管理を怠っている事業者が数多く見られ、併せて、これら水道の管理について技術上の業務を担当する水道技術者の責務が十分果たされていない状況にある」と報告されています。答申の提言レベル以前の、基本的な水質管理がおざなりになっているのではと示唆されているのです。

　2004年4月、新しい水質基準項目と基準値が実施に移されました。必ず守らなければならない「基準項目」が50項目、目標値である「管理目標設定項目」（27項目）、「要検討項目」（40項目）というように、厳しさにおいて3段階の基準を設けています。それ以前（1992年から）の基準の考え方を大きく変え編成しなおしています。前の基準は、46の「基準項目」のほか、目標値としての「快適水質項目」「監視項目」「ゴルフ場使用農薬」「その他の農薬から56項目」となっていました。

　どう考え方が変わったのでしょう。もっとも基本的な「基準項目」につい

て見ると、農薬4項目を含め9項目が削除され、大腸菌（大腸菌群に代わり）、臭素酸、ホルムアルデヒド、アルミニウムなど13項目が追加されました。従来「基準項目」は全項目の検査がすべての事業者に義務づけられていましたが、今度は21項目だけが全事業者に義務づけられ、残りの項目は各事業者の状況に応じて省略できることになったのです。これは、地域によって汚染物質の種類や濃度に違いがあることを踏まえ、とりあえずは広く網をかけたうえで、地域によっては検査を省略できるという、"柔軟性"をもたせたものと見ることができます。

　飲用者にとって関心が高いにもかかわらず「基準項目」から消えた農薬はどうなったのでしょう。「水質管理目標」のなかに「農薬類」という項目を設け、101の農薬の目標値が決められました。これは、水道事業者が自らの水源で使われていると判断した農薬だけを測定すればよく、その代わり、測定した農薬については1種でも目標値を超えてはならず、測定した農薬全体の濃度も一定量を超えてはならない、とされました。一見"総量規制"が採用されたような形ですが、水道事業者の裁量が大きすぎるという懸念があります。

「小さい水道」の首を絞める分析法

　大多数の中小水道にとって"柔軟な運用"が可能になった新しい水質基準は、味方なのでしょうか。それとも……？

　水質基準の改定に先立つ2003年7月、厚生労働省は水道水の分析方法（公定法）を改定しました。水質基準よりも、じつはこちらの変更のほうが「小さい水道」には大きな影響が出ると水道当事者たちは心配しています。

　新聞報道もされましたが、水道事業者にとっての難題は「吸光光度法」という物質分析法が否定されることになったようです。この方法は、検査する水道水のサンプルに薬品を加えて分析したい物質を発色させる簡潔なもので、

塩素濃度測定をはじめシアン、フェノール、陰イオン界面活性剤などの有害物質を分析するのに活躍してきたものです。それを厚生労働省の厚生科学審議会が認めない方針を打ち出し、厚労省がそれに従ったのです。理由は、「この方法には、たとえば陰イオン界面活性剤の細かな種類まで特定できない弱点がある。微量物質を分離して質量を測定する装置が最近では普及し始めているので、今回の改定では吸光光度法は不適合と判断した」（朝日新聞2003.11.3）としています。

　これに対するパブリックコメントでの自治体の水質担当者たちの反応は、引き続き使用させてほしい、が多かったようで、厚労省は施行の2007年から3年間に限っては使用を認める妥協をしました。が、一時的な"お目こぼし"にすぎません。自治体がもっとも困るのは、審議会や厚労省が勧める新しい装置に買い換えるとなんと2000万〜3000万円の投資が新たに必要になることです。現状の吸光光度法の連続流れ分析装置には一式1500〜1600万円もの投資をしたそうです。自治体水道だけでなく、公的な分析機関でも同様に困っています。

　前出の新聞記事にはある公的分析機関の担当者の困惑のコメントがのっています。「精度も問題なかったし、便利だっただけにショックだ。現在の装置が使えなくなれば、水質分析を外部の機関に委託する水道事業者が増えるだろう。高価な装置を要求され、中小の分析機関も生き残りが厳しくなりそうだ」と。分析化学の専門家からも、厚労省が今度要求する分析方法が1種類の物質しか分析できず、むしろ従来の方法よりその点で劣ることに疑問の声が挙がっているといいます。

　中小規模水道の底上げを謳い、救済策を打ち出す形の水道法改正をした国がなぜ、助けるべき中小規模水道の首を締めるような策をもう片方の手で打ち出すのでしょうか。しかも説得力がありません。このことはどうしても、「水道界の鉄のペンタゴン」（44ページ 参照）を想像させるのです。

過剰技術から「ほどほど」へ

　前項に述べた分析方法の改定の話は、「小さい水道」の生き残りにとっての障害物のひとつを、わかりやすい形で教えてくれています。

　もうひとつ、新聞記事から引用しましょう。「物質が基準値以内かどうかを判断するための測定は、何桁もの精度を求める分析とは、本来別物のはず」「広く使われてきた手法を否定して金がかかる手法を指定するのは、現場を軽視しているように感じる」（兵庫県宝塚市水道局の担当者）。かりにこれを"過剰技術問題"と名づけることにしましょう。

　ここで、今回の法改正の下敷きとなった水道基本問題検討会、生活環境審議会水道部会の「小さい水道問題」認識を思い起こしてみます。「とくに、小規模水道において財政面、技術面での立ち遅れが見られ、こうした小規模な水道における適切な経営・維持管理も今後の大きな課題と言える」（水道基本問題検討会報告における整理、生活環境審議会水道部会、1999年11月16日議事録より）。法改正、その運用などは、そういった"弱きを助く"政策に末端まで徹底されていないといけません。ところが、現場に下りてくる制度の運用面は、その看板とは裏腹になっていることがあるのだと、先の例は教えています。

　現実には「小さい水道」に対する要求度を上げてきているのです。だから、要求をクリアできる"強き者"に助けを求めるように、という論法と見てよいでしょうか。市町村合併の論理ととてもよく似ているとは思いませんか。弱き者は強き者に身を寄せ傘の下で生きていくように——という。

　さて、高くなっていく水質管理要求度の行き着く先はどこなのでしょう。「水道基本問題検討会」は、「おいしく飲用できる水に対する国民のニーズは高く、それが水道水ばなれの原因となっているとの指摘もある。そのため、水道における高度浄水処理施設の導入が進められているが、需要者からも評

価されているところでもあり、……」と、国民の高くなっている要求水準に応える高度浄水処理への方向を支持しています。

　一方でそれが「料金の値上げを余儀なくするものであり、安全性以上の付加価値については、基本的に対価との関係で需要者の選択によってシビル・ミニマムとして決定されるべきもの」と、高くつくことを認めつつ、きれいにまとめてしまっています。

　高度浄水処理は、前出の高い測定方法と似て、"過剰技術問題"を孕むものです。東京都や大阪府といった数百万～1千万人単位の給水人口をもつ巨大水道が高度な技術を取り入れるのはともかく、中小水道がもし"過剰技術"を抱え込めば経営上の命取りとなります。「需要者の選択によって」決めよ、というわけですが、現在の水道経営は残念ながら「需要者の選択」の機会がほぼ与えられていない実態にあります。

　東京、大阪などの高度浄水処理は数百億円をかけたオゾン処理・活性炭処理を組み合わせた最新の設備。このような高価かつ豪華な処理法を採用できる自治体水道は、これら以外にほとんどありえません。しかし、膜処理を採用している水道事業のほとんどが小規模水道だという実態が一方で進んでいます。

　給水人口が数百とか数千単位の「小さい水道」が、膜処理という高度で高価な施設を導入するのはなぜでしょう？　フィルター交換を含め運営管理をメーカーに丸投げできるから、というのが本当のところのようです。しかしその分、水道料金が確実に高くなっています。原水がきれいなところで、高価な膜処理のようなものを取りつけることは、自らと住民の首をきつく絞めることにならないでしょうか。メーカー担当者に頼らないと管理ができない複雑な設備が、大都市部と比べて格段に良い水にも本当に必要なのでしょうか。

　とくに膜処理は、「クリプトスポリジウム対策」をするよう迫る国とメー

カーの売り込みによって、簡素な浄水技術しかもたない水道事業者に不安を与え、導入の動機づけとなっているようです。しかし実態からすれば、明らかに"過剰技術"といえるでしょう。あくまでも、「小さい水道」としての身の丈と住民の負担を優先的に考えなくてはいけないのです。

4　簡易水道の処方箋を探る

　「小さい水道」の典型は簡易水道にあるといってよいでしょう。また、簡易水道は国の財政的支援を手厚く受けています。これまで紹介してきたように、現在、日本の水道問題の大部分が「小さい水道問題」にあることは、水道に関わる人びとのほぼ共通の認識になっています。このままでは今後やっていけない、と。

　簡易水道には、その実情がさらに深刻で、維持すること自体がけっぷちに立たされているところが数多くあります。ですから、簡易水道が今置かれている状況を把握し、処方箋を考えることは、ひいては日本の水道問題全体への処方箋を探ることにつながるのではないでしょうか。

　ふたたび、全国簡易水道協議会と水道技術研究センターが共同でおこなった「中小規模水道の改善方策調査」（2001～2003年度）の報告から処方について簡潔に取り上げ、それをたたき台にして考えてみましょう。簡易水道の実情が深刻なだけに、国の検討会や審議会の報告と比べ、具体的かつ深い考察がなされているように見受けられます。

中小規模水道の改善方策調査報告・概要（2004年3月）

調査対象　8790簡易水道事業体（2001年度末）

■課題解決に向けての具体的提案

①長期的な視点（長期構想）——短期的な視点（中期実施計画）——年次予算という組み立てが必要

②企業会計の導入、その透明性、公開

③維持管理業務の効率化

・点在する施設管理のための低価格集中監視システムの導入

・民活（PPP）

・積極的に管理委託を進める

④公的負担の組みなおし
・従来どおり高料金対策や施設の建設・改良への繰入
・施設更新にも広げる
・水質検査費用の負担
・各種補助は各施設規模を基準にする
・点検監視業務の自動化、低価格の一極集中管理
⑤広域化による事業規模の拡大
・管理の共同化（簡易水道事業を維持し、施設や経営は統合せず、維持管理のみを一元化）
・広域化手法としては、1）事業統合（できれば上水道との事業統合）、2）管理統合の順が望ましい
・低価格維持管理（自動監視）システムの導入促進策
⑥水道の枠組みの再検討
　完全独立採算型水道──独立採算でやっていける
　建設改良支援型水道──建設改良費だけは支援が必要
　福祉水道──超小規模で共同化も難しく、支援なくしてやっていけない

「小さい水道」の原点、簡易水道

　前項の提案のなかに次のような表現があります。「現在残っている小規模水道は、……もともと湧水や地下水など水源のあるところに集落が形成され、住民が苦労して水道を育ててきたところが多く、占有意識が強いため、……統合が難しい」と。簡易水道など集落単位の小さい水道の原点をあますところなく伝えています。"自治水道"あるいは、序章で紹介したような"自然な水道"と言い換えてもいいでしょう。
　日本の近代水道制度は、明治の発足期から市町村単位の「官設官営」だっ

たわけですが（水道条例以前には民間会社が起業していました）、大都市での公衆衛生政策の一環であり、まだ貧乏国であった国家としては、清水の舞台から飛び降りるような投資を都市部に集中せざるを得なかったでしょう。水道という贅沢品は、農山村にはほとんど普及していませんでした。なにしろ、戦前の全国水道普及率は10％台に過ぎませんでした。

　しかし戦後の民主化と高度経済成長のおかげで、全国どこにいても「清浄にして豊富低廉な水の供給」（水道法第1条）を受ける国民の基本的な権利を保障し、1960年までには普及率50％を越え、短期間に国土の大部分に水道管を張り巡らしました。現在では人口の97％が上水道か簡易水道の恩恵を受けています。それがないところにも前出・概要に出てくる「水道の未普及地域」「非公営水道」の給水システムによって給水はおこなわれ、末端までほぼ埋め尽くしているのです。

　どのような山間地、僻地にあっても生活用水を確保できているという点で、日本は世界に冠たる水道インフラを完成させたといっても過言ではないでしょう。そのことに対しては、水道法枠外の給水システムから簡易水道、そして中小上水道の果たしてきた役割は図りしれないものがあります。とくに、少し前まで1万カ所以上におよんでいた給水人口5000人以下の「簡易水道」の"毛細血管"としての重要性は再認識されるべきでしょう。それだけに、これまで国は、簡易水道に対して施設整備費はじめ工事費、事務費にいたる種々の項目に手厚い補助をすることで、その役割を支えてきたのです。

　しかしここへ来て、国家財政状況が厳しくなったために国が面倒みきれないという状況になってきました。さらに、簡易水道の給水人口の減少、ときに水源の悪化などが追い討ちをかけ、「自助」を迫られるようになってきたことが、「小さい水道問題」の国の側からの指摘の背景でありましょう。「自助」のうちには「近隣の助け合い・共同」「より強い者による保護」が含まれ、それが水道法改正や前項の「概要」に示されているわけです。

それらの処方箋は、見てきたとおりです。利用者の目から提示してみた「自助」の中身をたたき、その方法を探求したり創造することで、日本の水供給の原点であり"毛細血管"である簡易水道など「小さい水道」の進むべき道が開ける可能性があるのです。

column
小規模コンサルタントの生き残り

　公共事業の減少は「水コン」と呼ばれる「上下水道コンサルタント業」にもおよんでいる。
　（社）全国上下水道コンサルタント協会の集計によると、受注量が1997（平成9）年度に2089億円であったものが、2004（平成16）年度には約60%の1275億円まで減少したそうだ。
　では、約40%の会社が廃業または倒産したかというと、そうではない。
　リストラにより生き残りを図っている。極端な例であるが、人員を80%に削減し、給与も80%に削減すると、計算上64%の受注量でも従来と同様な採算が図れる、ということになる。
　今後の生き残りのために、価格競争から脱却して品質で勝負する道を模索している。品質で勝負する路線は「公共工事の品質確保の促進に関する法律」と相まってプロポーザル方式への転換の流れを加速しそうである。
　プロポーザル方式の場合、技術者の資格、経験、同種業務における過去の実績で評価点が決まるため、強い企業はさらに強く、弱い企業は受注の機会がほとんどなくなり、転業・廃業、最悪の場合は倒産という事態に至り、優秀な技術者を有する少数の企業が生き残ることになる。かくして、業界の整理が進むことになる。
　小規模コンサルタントの生き残る道はないのであろうか？
　すべての案件がプロポーザル方式で発注されることはない。競争の結果として生まれる強大なコンサルタントの手が届かない、地域密着型の営業戦略が生き残りを可能にする。医者にたとえれば、全国的に名を馳せる専門病院や総合病院ではなく、ホームドクターとしての「まち医者」の存在が欠かせないと同様に、小規模なコンサルタントの重要性は変わらないのである。
　小規模コンサルタントの生き残りは「まち医者」としての事業展開をおこなえるかどうかにかかっている。
　・地下水について豊富な経験知識を有するか？
　・緩速ろ過について豊富な経験知識を有するか？

・電気・機械設備を独自に設計できるか？
・構造計算ができるか？
・緊急対応のノウハウを持っているか？
・公営企業としての上水道経営に対するコンサルタントができるか？
（以下略）

　力技ともいえる配水管設計業務にも提案が求められ、提案した業者の評価点が上がる仕組みが導入されつつある。たんなる図面屋で生き残ることは不可能となってきている。臭いが出れば、何でもかんでも「オゾン＋活性炭」を薦める。クリプト対策と称して、十分な検討もおこなわず高価な「膜ろ過」を薦めるようなコンサルタントは淘汰される。情報公開が進むと、ますます「水道事業の顧客は消費者である」ということを意識しなければ、間違った判断をくだすことになることは、最近頻繁にマスコミを賑わす特殊法人や大企業の不祥事を見ても明らかである。

　「まち医者」であるから、知識・経験・技量が劣っても良いということは一切ない。適切な判断力がもっとも必要である。技術者の実力が問われるのである。

　公共事業の減少は技術士の世界にも変革をもたらしつつある。公共事業は50％に減少した場合、建設部門をはじめとする技術士会の主流である公共関連の技術士が失業するかというと、逆である。他社と差別化するため、プロポーザルで勝ち抜くためにはすべての技術者を技術士で賄おうとするにちがいない。技術職員で技術士資格を持たないものからリストラの対象者となるのである。技術者も生き残るためには技術士資格の取得が不可欠となり、建設部門の技術士は相変わらず「葵の紋章入りの印籠」としての機能を有し続けるにちがいない。

参考図書

水道技術に関するもの

日本水道協会「水道施設設計指針（2000）」日本水道協会（2001年）
　＊水道技術者が施設の設計をおこなう場合に手元に置く基準書。この基準に合致していれば水道事業の新規および変更認可が受けやすい。

日本水道協会「水道維持管理指針（1998）」日本水道協会(2000年)
　＊水道施設を維持管理するための基本書で水道施設全般について理解することができる。

日本水道協会編「生物起因の異臭味水対策の指針」日本水道協会（1999年）
　＊ダムや湖沼を水源とする場合に頻発する異臭味に対処するための手引き。

金子光美編著「水質衛生学」技報堂出版（1999年）
　＊水道水を衛生の視点から見た専門書。

金子光美編「水道のクリプトスポリジウム対策（改訂版）」ぎょうせい（1999年）
　＊クリプトについて語る場合に基本となる書物。

日本水道協会「JWWA Q 100　水道事業ガイドライン」日本水道協会（2005年）
　＊水道を住民自治に引き戻すための可能性を有する水道事業を数値化するための基準。

水道技術研究センター「膜ろ過浄水施設維持管理マニュアル」水道技術研究センター（2005年）
　＊最新の膜の維持管理のための手引きであるが、膜ろ過全体を俯瞰することができる。

日本水道協会「"水質検査計画"策定のための手引書」日本水道協会（2004年）
　＊水質分析項目が大幅に増えたため、手引書なしでは分析費が高くつく。必要最小限の費用で水質の安全を確認するための手引き。

日本環境管理学会「改訂3版水道水質基準ガイドブック」丸善（2004年）
　＊水質について個別に解説されており、規制値の持つ意味が確認できる。

水道統計に関するもの

全国簡易水道協議会「簡易水道事業年鑑（第27集）」全国簡易水道協議会（2005年）
　＊不透明な簡易水道の経営状態を把握するためには現状ではこの資料しか存在しません。

全国簡易水道協議会「全国簡易水道統計（平成13年度）」全国簡易水道協議会（2003年）
　＊簡易水道事業の統計数値が集められています。

全国上下水道コンサルタント協会「水道ビジョン基礎データ集」全国上下水道コンサルタント協会（2004年）
　＊21世紀の水道事業の行方を検討するため収集されたデータがまとめられています。

日本水道協会「水道便覧（平成11年版）」日本水道協会（1999年）
　＊上水道事業の全体像が把握できます。毎年刊行されます。

地方公営企業研究会編「地方公営企業年鑑（昭和33年度～平成15年度）」地方財務協会
　＊水道事業の経営状態がわかります。経営分析のための最も重要な基本的書物

水道自治を考えるために

倉沢進「コミュニティ論」放送大学教育振興会（2002年）
　＊地方自治の基本である日本のコミュニティについて確認できる

保屋野初子「水道がつぶれかかっている」築地書館（1998年）
　＊13兆円の水道事業が抱える借金とダム開発の関係を明らかにした、水道経営問題に迫る。

細谷芳郎「地方公営企業法」第一法規（2004年）
　＊わかりにくい「地方公営企業法」を理解するためにはこの本の読破が不可欠。図解してあるが、難解であ

るのは仕方ない。

水道の基本を見直すために
中本信忠「生でおいしい水道水」築地書館
　＊埋もれかかっていた「緩速ろ過浄水方法」を再び世に出した水道事業再生のための書。
中本信忠「おいしい水のつくり方」築地書館
　＊緩速ろ過の技術を平易に説き、幅広く実用に供するための基礎を提供。
アメリカ土木学会編、肥田登他訳「地下水人工涵養のガイドライン」築地書館（2005年）
　＊水道の原点である地下水を人工涵養するためのアメリカの基準を翻訳、専門家向け。

NPO法人設立と運営
堀田力監修「自分たちでつくろうNPO法人」学陽書房（2003年）
　＊申請のためのCD－ROMが付録でついているので自分たちの力で設立が可能。
堀田力監修「自分たちで運営しようNPO法人」学陽書房（2004年）
　＊運営のためには幅広い知識が必要、設立後に継続させるためのノウハウを掲載。
水道法制研究会「水道実務六法（平成16年版）」ぎょうせい（2004年）
　＊水道事業に関係する法令が1冊に纏められており便利。

その他
モード・バーロウ／トニー・クラーク　鈴木主税訳「『水』戦争の世紀」集英社新書（2003年）
水道法制研究会「改正水道法解説Q＆A　こう変わる！これからの水道事業」東京法令出版（2002年）
岡山市水道局「岡山市水道誌」岡山市水道局（1965年）
岡山県阿哲郡哲多町環境整備課、阿新保健所「クリプトスポリジウム汚染報告書」（1998年）
中島工学博士記念事業会「中島工学博士記念水道史」中島工学博士記念事業会（1927年）
L.Huisman & W.E.Wood「Slow Sand Filtration」World Helth Organization, Geneva（1974年）
Martin Wegelin「Surface Water Treatment by Roughing Filter」Swiss Center Development Cooperation in Tecnology and Management（1996年）
Richard J.Evans「Death in Humburg」Penguinbook（1987年）
F.E.Turneaure & H.L.Russel「Public Water-Supplies」John Wiley and Sons（1916年）
縛正弘「練馬区の地下水に関する研究」放送大学大学院修士論文（2004年）
瀬野守史「小規模水道が直面する問題解決のためのNPOの可能性」放送大学大学院修士論文（2004年）
瀬野守史「緩速ろ過浄水処理設備の復権」放送大学卒業研究（2002年）
岡山県保健福祉部「平成15年度岡山県水道の現況」岡山県ホームページ　http://www.pref.okayama.jp/hoken/seiei/H15suidougenkyo.htm
武藤整司「生命と環境の倫理（放送大学面接授業プリント）」（2001年）
保屋野初子「水資源開発制度の中央集権体制と鶴岡市における広域水道計画の破綻」法政大学大学院修士論文（2000年）

あとがき

　グローバリゼーションが世界のすみずみまで覆いつくそうとしています。効率化・合理化・一元化などを通じて、どんな過疎地や奥地も世界経済の暴力的ともいえる仕組みのなかに巻き込まれつつあります。おじいちゃん、おばあちゃんの郵便貯金さえ、そうなることが確実となりました。

　水道事業についても海外では、「民営化」の嵐が吹き荒れています。日本ではまだ馴染みがありませんが、国際水企業が地域の水道を買収し事業を独占した結果、水道料金が払えない、盗水が横行する、そして政権がひっくり返る事態さえ起きた途上国もあります。「水はだれのものか」が地球的テーマとなるゆえんです。

　問題は、弱者がきれいな水を必要量手に入れることが難しくなること。日本において水道弱者とはだれ？と思うかもしれませんが、私たちはすでに弱者になりつつあります。ほとんどの水道は中小規模であり、経営難に直面し水道料金の値上げが避けられない、少子高齢化でこれまでの水道システムを支えきれない、といった状況がじわじわと進行しているからです。

　しかし、こうした状況を逆手にとって「地域の力」をつける機会がやって来たのです。この本で私たち著者は、「地域水道」を地域おこしの一環に位置づけ直し、自治力をつける住民事業として、いろいろな提案をしてみました。キーワードは「おいしい・安い・安全」。

　自分たちで水道施設を維持管理することは容易でないと思うかもしれませんが、地域には建設業も学校もあれば電気店もあります。自分たちで維持管理できる水道を育てていく。今後、そのような課題をいっしょに考え実践していく仕組みもつくっていくつもりでいます。

2005年9月

保屋野初子

瀬野守史

索引

【あ行】

浅井戸　33, 43, 56
粗ろ過　115, 116,
安全な水　25
安定供給　47
維持管理コスト　128
維持管理費　36
意思決定　50, 51, 54
異臭味　61, 72, 93, 100
委託　131
委託費　29, 37,
一般会計　40, 50, 127, 128
井戸水　10, 30, 66, 102
飲料水の水質基準　97
NPO　70, 78, 79, 81, 83, 85, 87, 121, 122
塩素　15, 22, 24, 56, 66−68, 71, 73, 74, 76, 96, 97, 100, 121, 122, 137
おいしい水　2, 20, 43, 56, 59, 72, 76
大口需要者　87, 93
太田市　133, 134
ODA　16
大野市　62, 93
越生町　101
オゾン　58, 60, 67, 69, 72, 76, 101, 103, 114, 139
オンブズマン　50

【か行】

海外援助　86
快適水質項目　20, 135
外部委託　32, 45, 81
外部委託費　34
過剰技術問題　138-140
過剰投資　38
河川整備計画策定　53
河川表流水　95
活性炭　20, 58, 59, 67, 69, 72, 76, 101, 103, 114, 139
カビ臭　20, 58, 100
過マンガン酸カリウム消費量　59, 72
簡易水道　22, 50, 79, 80, 90, 126, 128, 130, 131, 141, 143, 144
監視項目　135
官設官営　142
官−官委託　70
緩速ろ過　14, 15, 35, 46, 57-59, 61, 68, 69, 72-74, 76, 84, 86, 94, 96−101, 103, 104, 108, 110
官民の給与格差　34
機械脱水　109
企業債　39, 134
起債　47
吸光光度法　136, 137
休耕田　62
給水区域外　130
給水原価　28, 30, 35, 38
急速ろ過　15, 35, 94-96, 101, 103, 122
協議会　53, 54
凝集沈殿急速ろ過　57, 59, 60, 66, 69, 73, 74, 76, 101, 108, 114
業務委託　133, 134
業務指標　50, 85
近代水道　12, 84, 97, 99, 121, 142
組合営の水道　83
繰入　50, 127, 128
クリプトスポリジウム（クリプト）　14, 15, 61, 101-103, 119, 139
削り取り　68, 106, 107, 110, 120
減価償却費　29, 36, 38, 134
広域水道　46, 50, 63, 70, 72, 134
合意形成　50, 53, 54
公営企業法　50
公共事業　51
公衆衛生政策　143
降水　11
厚生科学審議会　137
公設公営　131
高濁度対策　106
高度(浄水)処理　22, 36, 58, 93, 101, 107, 108, 138, 139
弘法の清水　12
国民皆水道　44
国庫補助　47, 102
コミュニティー再生　79
コレラの流行　98
コンクリートダム　11
コンサルタント　44, 46, 83, 84

【さ行】

細菌　72−74, 96
細砂ろ過　102

151

最低責任受水量　30
殺菌　75
残留塩素　11, 71, 72, 74
残留塩素濃度　135
紫外線照射　102
自家水源　28
市議会の承認　84
事業統合　127
自己水源　38, 61
自治会組織　79, 80
自治水道　142
地盤沈下　61
地盤沈下対策　90
社会資本の整備　83
借金　32, 35, 40,
臭気物質　100, 107
修繕費　38, 42
住民意思　48, 54
住民参加　51, 53
住民投票　48
受水　33, 43
受水費　29, 30
小規模（な）水道　24, 29, 36, 45, 63, 70, 72, 76, 81, 86, 90, 110, 122, 124, 127, 138
消毒　75
情報公開　50, 54, 81, 83
人件費　32, 34, 36, 37, 45, 133
水系流域委員会　53
水源開発　17, 134
水源の（水質）保全　74, 135
水質管理　130, 134, 135, 138
水質管理率100%プログラム　24
水質基準　4, 7, 12, 20, 135
水質検査計画　62
水田地帯　10
水道一家　44, 45, 87
水道界　44, 94, 131, 137
水道企業団　46
水道技術研究センター　81, 85, 127, 141
水道事業会計　40
水道施設管理技士　81, 85
水道施設設計指針　113
水道条例　131, 143
水道の管理体制の強化　124, 130

水道ばなれ　28, 87, 138
水道ビジョン　7, 24, 47, 50, 130
水道普及率　4, 7, 10, 20, 44, 126, 143
水道法　51, 71, 97
水道法改正　70, 124, 130, 137, 143
水道法適用外の水道　128
水道民営化　131
水道民主主義　49
水道料金　16, 28, 35, 37, 40, 128
水道料金の高騰　26
水道料金の値上げ　38, 42, 139
水利権　30, 47
生物処理　60, 101 - 103, 108, 117
生物膜　102, 106
世界水フォーラム　5
節水　30, 32, 93
設備投資　32, 114
設備の更新　40
説明責任　54
全国簡易水道協議会　127, 141
専用水道　24, 93

【た行】
第三者委託　81, 131 - 133
大腸菌　103, 136
濁質　57, 69, 93, 103, 105, 106, 109, 114
濁度　101, 105, 106, 110
脱塩素水道　71
脱ダム宣言　53
ダム開発　46, 134
ダム建設　51
ダム建設負担金　40
ダム水源　2, 93
ダムの過剰開発　90
ダムの水　46, 114
ダム水を水源　95
淡水資源　5
地域おこし・コミュニティ再生　62
地域協議会　53
地域水道　76, 78, 86, 87, 122
地域づくり　24
小さい水道　23, 47, 131, 136, 139, 144
小さい水道問題　124, 126, 127, 141, 143
地下水　10, 56, 61, 95, 117, 134, 142

地下水涵養　62, 93
地下水源　2
地下水の人工涵養　12
地方公営企業　70
地方公営企業法　28, 69
地方公営企業年鑑　29, 49, 50, 85
中小規模水道　126-128, 134, 137, 141,
貯水槽水道　130
沈殿池　105
地域通貨　78, 86
月山ダム　48
鶴岡市　48
TOC　59, 72
逓増制　28, 87
哲多町　14
鉄のペンタゴン　44, 137
鉄・マンガン　61, 93, 102, 117
天然の水道　10-12
天然のダム　11
天然ろ過の水　2
天日乾燥　109
東京都水道局　95, 104
独立採算　28
トリハロメタン　20, 107

【な行】
日本水道協会　44, 81, 84, 85, 100, 121
練馬区　83, 92
農業の多面的機能　62
農薬　20, 136

【は行】
バーチャルウォーター　5
秦野市　12
パブリックコメント　137
PAC　→ポリ塩化アルミニウム
非公営水道　128, 143
微生物　75, 76, 93, 96, 100, 107, 110, 117
病原性微生物　75, 98, 114, 122
表流水　33, 59
深井戸　33
伏流水　33, 56, 61, 103
負担金　30
部分業務委託　132

分析機関　63
分析費用　63
平成の大合併　7, 49
ペットボトル　2, 20
変更認可申請　43
包括的業務委託　132
補助金　14, 48, 101
ポリ塩化アルミニウム　57, 66－68, 96

【ま行】
前処理　57, 114, 116, 119,
膜処理　36, 103, 108, 139,
膜ろ過　14, 67, 68, 101, 102
末端給水　38, 43
水あまり　47, 90
水危機の世紀　5, 7, 23
水需要　26
水循環　6, 10, 11
水利用の自治　24
ミネラルウォーター　20, 74
民営化　45, 132
民間委託　17, 32, 70
民間業務委託　132
無塩素水道　74, 76
名水　2, 22, 56
滅菌　75

【や行】
結（ゆい）　78, 86
有害化学物質　20
有害微生物　56
有機物　11, 56, 57, 59, 72, 73, 101, 106, 107, 114, 116
有機溶剤による汚染　93
湧水　22, 33, 56, 74, 86, 142
用水供給事業　38, 43, 46

【ら行】
老朽化　38, 83
六郷町　10, 62, 93
ろ過池　107, 111-113
ろ過速度　114, 118
ろ過面積　109
ろ抗　118, 120

153

保屋野初子(ほやの　はつこ)
1957年、長野県上田市生まれ。
筑波大学第二学群比較文化学類卒業。
法政大学大学院博士課程単位取得中退(政治学)。
業界誌、週刊誌などの記者を経てフリーランスジャーナリストに。途上国の開発問題、環境問題に関する海外ルポも多く、国内では水にかかわる問題を主なテーマとして継続的に執筆活動をしている。
「アエラムック・学問がわかるシリーズ」(朝日新聞社)の編集デスクなどを務めた。
著書『水道がつぶれかかっている』(築地書館)は、ダムなど過大な公共事業が水道事業を圧迫しているメカニズムを解明し反響を呼んだ。主な著書に『緑のダム』(共編著)、『川とヨーロッパ』『長野の「脱ダム」、なぜ?』(以上、築地書館)、『破綻と再生』(共編著、日本評論社)などがある。

瀬野守史(せの　もりふみ)
1946年、福岡県福岡市生まれ。
広島県立広島工業高等学校工業化学科卒業。
1997年、岡山県の小規模水道でのクリプトスポリジウム対策を契機に地域水道のあり方に取り組む。
2003年、放送大学教養学部産業と技術専攻卒業。
2005年、放送大学大学院修士課程政策経営プログラム修了。
現在、㈱荒谷建設コンサルタント　技師長、技術士(総合技術監理、上下水道：上水道及び工業用水道)、㈳日本水道協会特別会員、㈶水道技術研究センターD会員、㈳日本技術士会会員。
NPO法人「地下水利用技術センター」副理事長を務める。
瀬野が運営する「緩速ろ過・小規模水道応援団」のホームページ
http://www.geocities.jp/watertecjapan/

本書で提案したことを実践できるよう、地域水道とともに考えていく「地域水道研究センター」については、http://www.geocities.jp/watertecjapan/tiikisuidou.htmlをご覧ください。

水道はどうなるのか?
安くておいしい地域水道ビジネスのススメ

2005年10月20日　初版発行

著者────保屋野初子+瀬野守史
発行者───土井二郎
発行所───築地書館株式会社
　　　　　東京都中央区築地7-4-4-201　〒104-0045
　　　　　TEL 03-3542-3731　FAX 03-3541-5799
　　　　　http://www.tsukiji-shokan.co.jp/
　　　　　振替　00110-5-19057

印刷・製本 ─ 明和印刷株式会社
組版────ジャヌア3
装丁────今東淳雄(maro design)

Ⓒ Hatsuko HOYANO, Morifumi SENO 2005 Printed in Japan
ISBN4-8067-1316-3